2005

中国金融市场发展报告

CHINA FINANCIAL MARKET DEVELOPMENT REPORT

中国人民银行金融市场司
中国人民银行上海总部金融市场管理部

中国金融出版社

责任编辑：毛春明
责任校对：张京文
责任印制：尹小平

图书在版编目（CIP）数据

2005中国金融市场发展报告（2005 Zhongguo Jinrong Shichang Fazhan Baogao）/中国人民银行金融市场司，中国人民银行上海总部金融市场管理部．—北京：中国金融出版社，2006.4
ISBN 7-5049-4031-3

Ⅰ.2… Ⅱ.①中… ②中… Ⅲ.金融市场—研究报告—中国—2005
Ⅳ.F832.5

中国版本图书馆CIP数据核字（2006）第041826号

出版
发行 中国金融出版社
社址 北京市广安门外小红庙南里3号
市场开发部 （010）63272190，66070804（传真）
网上书店 http://www.chinafph.com （010）63286832，63365686（传真）
读者服务部 （010）66070833，82672183
邮编 100055
经销 新华书店
印刷 北京汇元统一印刷有限公司
尺寸 210毫米×285毫米
印张 9
字数 162千
版次 2006年5月第1版
印次 2006年5月第1次印刷
定价 98.00元

Contributors 执笔人

总纂: 穆怀朋

统稿: 王振营　霍颖励　牛少锋　章向东

执笔人（以姓氏笔画为序）:

马贱阳　王丽明　龙文征　朱永行　刘　斌
孙昌明　汪兰英　张翠微　宗　军　胡振飞
高　飞　高　挺　贾　飙　袁沁敔　徐东炜
曹媛媛　黄先荣　董忆伟　谢　天　程伟庆
鲍建平　蔡国喜　戴　赜

提供材料（以姓氏笔画为序）:

韦　伟　王　晟　王　蔚　王学军　王佳杰
付　浩　付　强　白当伟　朱连波　刘煜辉
李　妍　杨金梅　范维维　储幼阳　颜永嘉

Contents 目录

中国金融市场发展报告·2005
CHINA FINANCIAL MARKET DEVELOPMENT REPORT 2005

Chapter 1

第一部分　总 论

- 我国金融市场发展的环境
- 我国金融市场发展回顾
- 我国金融市场发展思路

金融市场是经济金融体系的重要组成部分，在资源配置中发挥重要作用。近年来，我国国民经济保持平稳较快增长，为我国金融市场发展创造了较好环境。我国金融市场在创新中快速发展，在经济发展中的地位和作用日益重要。金融市场为实施宏观经济金融调控提供了平台，为市场主体提供了投资和融资的渠道，为各类机构提供了资金流动和风险管理的场所，大力培育和发展金融市场是健全间接调控机制、丰富风险管理手段和优化资源配置的一项基础工作。进一步推动我国经济的健康发展，需要继续发挥金融市场在资源配置中的基础性作用，保持金融市场的整体稳定，防范系统性风险。

一、我国金融市场发展的环境

（一）国内经济金融环境

1. 经济体制改革稳步推进，社会主义市场经济体制初步建立

近年来，我国坚定不移地推行和深化经济体制改革，不断完善社会主义市场经济体制，各方面成绩显著。

一是国有企业改革不断深化，国有大型企业股份制改革取得明显进展，国有中小型企业放开搞活取得显著成效，经济效益大幅提高。2005年，全国国有企业实现销售收入11.5万亿元，同比增长19.2%；实现利润9047亿元，同比增长25.1%。其中，169家中央企业实现销售收入6.7万亿元，增长19.8%；利润6276亿元，增长27.9%。与2002年相比，全国国有及国有控股工业企业户数减少1.19万户，年均减少3967户；实现利润增加3814亿元，年均增长34.8%；缴纳税收增加2237亿元，年均增长16%。

二是鼓励和支持非公有制经济健康发展，充分发挥个体、私营等非公有制经济在经济增长、扩大就业和活跃市场等方面的重要作用。2005年，全国个体工商业总产值达9805.5亿元，销售总额2.6万亿元，同比增长33.3%，缴纳税收1385.7亿元，同比增长14.3%；全国私营企业总产值达2.7万亿元，销售总额3.0万亿元，占全国商品销售总额的18.5%，缴纳税收2715.9亿元，同比增长36.1%；全国个体和私营企业就业人数突破1亿人，同比增长11.7%。

三是加强和改善宏观调控，综合运用财税政策、货币政策等手段，同时在更大程

度上发挥市场在资源配置中的基础性作用，有效抑制了经济运行中出现的不稳定和不健康因素，避免了出现大的起伏。2005年，我国居民消费价格总水平上涨1.8%；2001年到2005年，我国价格总水平保持基本稳定，居民消费价格总水平年均涨幅控制在1.4%，国民经济呈现增长较快、价格较稳的良好局面。

2. 金融体制改革取得一定成效

各类金融机构改革的微观重组再造进展平稳。国有商业银行改革取得阶段性成效，建设银行、交通银行等成功上市，各家银行财务状况明显改善，资本实力和资产质量明显提高，公司治理结构改革和内控机制建设进程加快。深化农村信用社改革进展顺利，改革取得初步成效。证券公司、金融资产管理公司、政策性银行、邮政储蓄机构等其他金融机构改革有序推进。

利率市场化改革稳步推进。尤其是近期，我国已不再设定金融机构（不含城乡信用社）人民币贷款利率上限，扩大了城乡信用社贷款利率浮动上限，实行人民币存款利率下浮制度，中央银行利率体系建设逐步深化，利率杠杆对经济运行的调节作用明显增强。

人民币汇率形成机制进一步完善。按照主动性、可控性和渐进性的指导原则，出台了一系列政策措施推进人民币汇率形成机制改革，进一步完善人民币汇率形成机制，增加人民币汇率的灵活性和汇率形成的市场化程度。

3. 对外开放水平不断提高，对外经济迅速发展

近年来，我国坚持“引进来”和“走出去”相结合，全面提高对外开放水平。我国对外贸易规模持续扩大，2005年我国进出口贸易总额达1.42万亿美元，比2000年增长两倍，年均增长24.6%；吸收外资取得历史性突破，2005年我国实际利用外商直接投资达603亿美元，2001年至2005年该投资额累计达2740亿美元。“走出去”战略实施取得一定效果，2005年，我国非金融类对外直接投资额达到69.2亿美元，2002年至2005年该投资额累计达180亿美元。

加入世界贸易组织以来，我国严格信守加入世界贸易组织的承诺，放开了外贸经营权，削减了关税水平，逐步解除有关非关税措施的限制，扩大了银行、证券、电信、分销等服务贸易领域的开放，加大了知识产权保护的力度。

4. 国民经济平稳较快增长，综合国力显著增强

随着我国经济体制改革取得重大进展，金融体制改革稳步推进，对外开放程度不断扩大，我国国民经济保持了平稳较快发展，社会生产力、综合国力和人民生活水平全面提高。2005年，我国实现国民生产总值18.23万亿元，同比增长9.9%；财政收入达到31628亿元，同比增长20%，比2000年增长1.36倍；城镇居民人均可支配收入和农村居民人均纯收入分别达到10493元和3255元，同比分别增长9.6%和6.2%，比2000年分别增长58.3%和29.2%。

5. 我国社会经济发展客观上对金融市场发展的深度和广度提出了更高要求

社会经济的发展为金融市场平稳快速发展创造了良好的外部环境，提供了坚实的物质基础，同时也对金融市场的进一步发展提出了新的要求。一方面，改革开放以来，随着我国经济金融体制改革的稳步推进和对外开放的不断扩大，作为重要微观基础的经济主体市场意识不断增强，经济运行市场化程度逐渐提高，社会主义市场经济体制已经初步建立，市场在资源配置中能够发挥越来越重要的基础性作用，在此情况下，我国金融市场获得快速发展，成为社会主义市场经济体制的重要组成部分，市场功能不断深化，资源配置作用日益突出。另一方面，我国国民经济的平稳较快增长和居民收入水平的不断提高也对金融市场的发展提出了更高要求。我国国民经济快速增长过程中，整个经济金融体系资金供求规模逐渐扩大，企业资金融通日趋活跃，居民资产保值增值与消费融资需求不断增加，这都需要建设一个产品丰富、功能完善的金融市场，使之能够高效率配置金融资源，满足市场主体多元化的投融资需求。

（二）国际经济金融环境

1. 经济全球化是当今国际经济金融发展的显著特征

近年来，随着国际分工合作的深化和世界产业结构的调整，以及信息技术等高科技的普遍使用，世界各国的经济联系和相互依赖日益加深，国际贸易和跨国投资快速发展，经济全球化的趋势愈加明显。国际贸易规模不断扩大，根据世界贸易组织统计，2005年全球货物和服务贸易进出口总额超过24万亿美元，比2004年增长6.5%。从1980

年至2005年，世界贸易年均增长率超过了6%。跨国直接投资迅猛发展，根据联合国贸发会议统计，2005年国际直接投资达到8967亿美元，比2004年增长29%，从1980年至2005年，国际直接投资年均增长率超过了10%。

经济全球化和金融全球化相互促进，推动了金融市场国际化的快速发展。金融管制逐步放松，国内外金融市场之间的联动更加紧密，资本在全球各国各地区的流动更加自由。跨国兼并浪潮风起云涌，跨国集团和跨国金融机构活跃于全球金融市场，在全球范围内从事各项业务，调度和配置资源，在一定程度上带动了金融业务的全球化。国际竞争日趋激烈，金融创新层出不穷，为了满足多层次资产管理以及风险防范的需要，结构性融资和信用衍生产品等新型工具不断出现。经济金融全球化的不断发展，增加了全球金融市场的波动和不确定因素以及风险的传染性，促使监管当局加强国际间的合作与协调，规范和统一金融监管的标准。

2. 国际经济金融变化对我国金融市场发展产生深远影响

如前所言，我国经济日益融入世界经济之中，对外贸易成为支撑我国经济快速发展的重要因素。我国进出口额占国民生产总值的比重从2000年的50.1%增加到2005年的62.8%，其中出口额占国内生产总值的比重已由2000年的26.3%上升到2005年的33.6%；2001年至2005年，我国累计实现贸易顺差2124.5亿美元；国家外汇储备从2000年底的1656亿美元增加到了2005年底的8189亿美元。

我国金融业对外开放也取得了较大进展。我国严格按照加入世界贸易组织所做出的有关承诺，放开金融领域对外资投资和业务的限制。根据金融业开放的步骤和金融市场的发育程度，引入合格境外机构投资者（QFII）进入国内资本市场，引进国际开发机构在国内发行人民币债券，银行间市场引入了首家境外机构投资者——泛亚债券指数基金，设立了中外合资货币经纪公司等。

我国金融市场在创新和发展过程中逐步引进国际先进技术和经验，实现与国际金融市场接轨。首先，在借鉴国际先进经验的基础上，结合我国金融改革以及市场发展的内在要求，引入和发展了适合我国金融市场发展特点的金融产品。债券远期、权证等金融衍生产品得到初步发展，资产证券化产品、利率互换等跨市场金融产品开始出现，货币市场基金和交易所交易基金等逐步成为机构和个人投资者重要的理财工具。其次，加强金融市场制度建设和基础设施建设，建立适合我国金融市场发展要求的信息披露制度与信用评级制度，改革银行间债券市场的行政审批制度，引入了发行备案制，完善做市商制度，逐步建立和完善规范的市场机制。第三，调整监管思路和理念以适应新的全球监管标准与框架。加强对商业银行资本充足率的管理，建立符合国际惯例的金融会计准则，增强金融市场透明度。加强金融市场监管的国际协作，不断提高我国金融监管水平。

二、我国金融市场发展回顾

经过多年发展，我国已经逐渐形成了一个交易场所多层次、交易品种多样化和交易机制多元化的金融市场体系。在发展过程中，我国金融市场法律制度逐渐完善，市场宽度和厚度不断增加，市场功能日趋深化，资源配置能力极大增强，对外开放程度不断提高，已经成为社会主义市场经济体系的重要组成部分，为推动国民经济发展，支持国家宏观调控实施，推进国有企业和金融机构改革，稳步推进利率市场化和完善人民币汇率形成机制，防范系统性风险和维护金融稳定，做出了重要贡献。

（一）金融市场体系基本形成

我国金融市场从20世纪80年代起步，经过20多年的发展，形成了一个初具规模、层次清楚、分工明确的金融市场体系。从市场类别看，由同业拆借市场、回购市场和票据市场等组成的货币市场，由债券市场和股票市场等组成的资本市场，以及外汇市场、黄金市场、期货市场、保险市场等均已经建立并形成一定规模。从市场层次看，以银行间市场为主体的场外市场与以交易所市场为主体的场内市场相互补充，共同发展。

我国金融市场的发展是从1984年同业拆借市场开始的。1996年1月，全国统一的同业拆借市场形成，1997年6月，依托同业拆借市场的债券回购业务获准开展，它们与票据市场一起构成我国的货币市场，成为金融机构管理流动性的主要场所和中央银行公开市场操作的重要平台。

1990年12月和1991年7月，上海证券交易所和深圳证券交易所先后成立，标志着我国股票市场正式形成，1997年6月，银行间债券市场成立，并与交易所债券市场共同构成了我国的债券市场。目前，我国已经初步形成了以债券和股票等证券产品为主体、场外市场与交易所市场并存的资本市场。

1994年4月，全国统一的银行间外汇市场建立，并逐渐成为境内金融机构进行外汇交易的主要市场。2002年10月，上海黄金交易所成立，目前已初步形成了以黄金交易所为主要交易平台、商业银行柜台交易为补充的黄金市场架构。我国商品期货市场起步于20世纪90年代初，目前已经形成了以上海、大连和郑州3家期货交易所为核心的市场架构，市场功能逐渐显现。自1980年恢复国内保险业务以来，我国保险业获得了快速发展，已经形成了多种保险机构并存、中外资保险公司竞争的保险市场体系。

（二）金融市场功能不断深化

随着金融市场体系的逐渐形成，我国金融市场功能不断深化。这主要表现在以下几个方面：

一是金融市场宽度不断增大，金融产品与工具逐渐丰富。目前，我国金融市场已经形成了票据、债券、股票、基金、期货、黄金等比较完整的产品系列，同时还出现了债券买断式回购、债券远期交易、利率互换、远期外汇交易、外汇掉期交易、权证等新的金融工具和衍生金融产品。

二是金融市场厚度逐渐增加，金融市场规模不断扩大，资源配置能力显著提高。一方面，各市场交易日趋活跃，交易量快速增长。货币市场中，同业拆借成交金额从1998年的1978亿元增至2005年的1.3万亿元，年均增长31%，债券回购成交金额从1998年的1.4万亿元增至2005年的18.2万亿元，年均增长44%，银行承兑汇票的承兑余额从1995年末的865亿元增至2005年末的2.0万亿元，年均增长37%。债券市场中，现券成交金额从1998年的6079亿元增至2005年的6.3万亿元，年均增长40%，债券余额从1993年末的2343亿元增至2005年末的7.2万亿元，年均增长33%，与GDP比值达40%。股票市场中，沪深两市市价总值从1993年末的3531亿元增至2005年末的3.2万亿元，年均增长20%，与GDP比值达18%。银行间外汇市场中，成交金额从1994年的408亿美元增至2004年的2090亿美元，年均增长18%。黄金市场中，成交金额由2003年的459亿元增至2005年的1070亿元，年均增长53%。期货市场中，成交金额由2001年的3.0万亿元增至2005年的13.4万亿元，年均增长45%。保险市场中，资产总额由2001年末的4591亿元增至2005年末的1.5万亿元，年均增长34%；保费收入由2001年的2109亿元增至2005年的4927亿元，年均增长24%。另一方面，直接融资获得发展，资源配置功能增强。债券市场中，债券发行量从1998年的2645亿元增加至2005年的4.4万亿元，年均增长49%；股票市场中，截至2005年底，我国沪深两市上市公司累计筹资总额达1.1万亿元。

三是金融市场主体参与程度不断提高，参与形式更为多样化。近年来，除原有的政策性银行、商业银行、信用社等银行业金融机构外，证券公司、财务公司和保险公司等非银行金融机构和企业的市场参与程度也快速提高，投资者尤其是机构投资者表现活跃，市场影响与日俱增，个人投资者直接或是通过基金等集合型投资工具积极参与市场交易。截至2005年底，同业拆借市场成员数由1997年底的96家增至695家；银行间债券市场成员数由1997年底的61家增至5508家，债券发行人范围由财政部、政策性银行扩大至商业银行、非银行金融机构、国际开发机构和企业等各类市场主体。截至2005年底，沪深两家证券交易所共有上市公司1381家，投资者开户总数分别达3856万户和3537万户；黄金市场共有会员128家；期货市场中三家期货交易所共有会员626家；外汇结售汇市场共有会员384家。截至2005年底，我国保险市场共有保险法人机构93家，其中保险公司82家，集团6家，资产管理公司5家，此外，还有保险专业中介机构1800余家。

（三）金融市场基本制度建设日益完善

在金融市场发展过程中，我国金融市场基本制度建设不断改进和完善，为维护市场公正透明环境、保护市场主体合法权益、保障市场顺畅运行奠定了基础。这主要表现在以下几个方面：

一是金融市场法律制度逐步建立与完善。一方面，《中国人民银行法》、《商业银行法》、《证券法》、《保险法》等一系列金融法律清晰界定了市场各方的权责关系，成为金融市场有效运行的重要基础；另一方面，各个市场监管部门陆续制定和发布了一系列金融市场规章和规范性文件，为规范市场管理、维护市场秩序提供了有力的制度支持。

二是金融市场监管体系逐渐形成。根据发展现状，我国各金融市场分别由不同部门实施监管。其中，中国人民银行依法履行监督管理银行间同业拆借市场、银行间债券市场、银行间外汇市场和黄金市场的职责。同时，人民银行与证监会、保监会等市场监管部门分工合作，沟通协调，形成了较为完整的金融市场监管架构。此外，人民银行特别关注对金融市场系统性风险和跨市场风险的防范，积极发挥维护金融稳定的职责。

三是金融市场基础设施建设取得较大成果。尤其是近年来，为适应金融市场的快速发展，我国对市场基础设施进行了不断改进和持续升级。目前，我国金融市场交易结算系统机制灵活，可以适应不同市场主体的多元化需求；托管系统不断完善，在防范市场风险方面的核心作用日益明显；资金清算系统高效安全，能够满足大规模且频繁的金融市场交易所产生的资金清算需要；市场基础设施中的各个系统有效联结和协调运转，降低了交易成本，增强了各个市场之间的连通与互动，为保证我国金融市场的持续、快速发展提供了有力的技术支持和坚实的运行平台。

（四）金融市场对外开放程度不断提高

如前所言，世界经济全球化和金融全球化的发展趋势推动了我国金融市场对外开放程度不断提高，融入国际金融市场的速度显著加快。在这一过程中，既有“引进来”，也有“走出去”，主要表现在以下几个方面：

一是我国严格履行加入世界贸易组织的有关承诺，“引进来”战略成效显著。首先，推动外资金融机构积极参与我国金融市场发展。近年来我国履行加入世界贸易组织的承诺，金融服务业对外开放程度逐年提高，引进的外资金融机构数量快速增加，开展业务的地域范围与业务对象不断扩大，市场竞争氛围逐渐增强。截至2005年底，外资银行在华设立226家营业性机构，有25家境外金融机构入股20家中资银行，投资总额近200亿美元，占国内银行总资本的15%左右，有34家境外机构获得合格境外机构投资者（QFII）资格，有37家外资保险公司获准在国内保险市场开展业务，此外，多家合资证券公司、基金管理公司等合资金融机构也先后成立。其次，在有步骤、分阶段地履行加入世界贸易组织的承诺的基础上，采取措施加快金融市场对外开放步伐，部分领域甚至提前实现了承诺内容，如对外资金融机构展业提前开放部分地域，批准多家外资企业设立汽车金融公司等。2005年4月与5月，泛亚基金和亚债中国基金先后获准进入银行间债券市场，同年10月，部分国际开发机构首次获准在我国境内发行人民币债券，这些都是推进我国金融市场对外开放的新举措。第三，外资中介服务机构对我国金融市场参与程度日渐加深。近年来，众多国际知名的会计师事务所、信用评级公司、投资咨询公司等进入我国金融市场，为市场主体提供各类服务。截至2005年底，在华境外律师事务所代表机构共有195家，在华外资会计师事务所共有7家，部分外资中介机构还采用与国内机构合资或合作等多种形式开展业务。一方面，这些外资中介机构成为连接国内外金融市场的桥梁，既为我国市场主体顺利进行境外投资、上市融资等发挥了重要作用，又为国内金融市场借鉴国外成熟经验，建立与完善信息披露、信用评级等市场约束与激励机制提供了条件；另一方面，由此带来的竞争与合作也增强了国内中介服务机构的危机意识，有利于推动其积极吸收外国同行的先进经验与技术，加快提升自身竞争力与服务水平。

二是我国金融市场主体积极参与国际金融市场，"走出去"步伐不断加快。首先，政府、企业以及金融机构等充分利用国外金融市场，通过借贷、发行债券或募股上市等多种方式满足自身融资需求。从债务方面看，截至2005年底，我国大陆地区外债余额为2810.5亿美元，同比增长13.6%，其中，登记外债余额为1902.45亿美元，贸易信贷余额为908亿美元。在登记外债余额中，主权债务余额占比17.4%，中资金融机构与企业债务余额占比34.5%，境内外资金融机构和企业债务余额占比48.0%。从境外上市方面看，近年来一批大型国有企业、银行和民营企业进入国际金融市场发行股票上市融资，截至2005年底，共有124家中国企业境外上市，筹集资金合计达555.4亿美元。其中，2005年筹集资金达206.5亿美元，神华集团、交通银行、建设银行等大型国有企业和商业银行均在香港首发上市。境外上市为我国推动国有企业和金融机构股份制改革、建立现代企业制度提供了有力支持。通过境外上市，这些企业与金融机构不仅筹集了大量资金，有利于充实与提升自身资本实力，同时由于要接受其所在国际金融市场在信息披露等方面的严格监管与市场约束，也有利于这些企业与金融机构规范公司治理结构，提升经营水平，增强竞争能力。其次，我国开始逐渐加快境外金融市场投资步伐。一方面，在外汇储备资金管理与运用中，我国积极利用外国金融市场实现保值增值；另一方面，为拓宽国内市场主体投资渠道，我国也逐渐放松有关管制，已经允许保险公司使用外汇资金进行境外证券投资。此外，部分银行等国内金融机构已经走出国门，通过与当地金融机构合作建立代理行，或设立分行、附属公司、代表处等多种方式建立境外服务网络，实现跨国经营，不过目前国内金融机构的跨国经营起步较晚，规模尚小。

三、我国金融市场发展思路

近年来我国金融市场发展迅速，成绩显著。但是，由于我国金融市场发展时间较短，经验较少，在发展过程中仍面临着许多问题。比如：市场发展不平衡，金融结构不合理，直接融资比例过低；金融产品种类与层次还不够丰富，风险定价等市场功能有待增强；市场运行的市场化程度有待进一步提高，部分领域仍然存在较严的行政管制，信息披露、信用评级等基本市场约束与激励机制尚未完全发挥作用；各市场之间的统一互联有待进一步加强；部分市场法律法规不健全，存在监管弱化和监管不到位等现象，等等。这些问题都在一定程度上阻碍了我国金融市场的快速、健康发展。

要妥善解决市场发展中存在的问题，进一步推动金融市场的发展，需要明确市场发展目标，理清市场发展思路。根据实际国情，我国金融市场发展的总体目标是：经过一段时间发展，逐步建立与社会主义市场经济体制相适应的，统一开放、竞争有序的金融市场体系，建立健全货币市场、资本市场、保险市场等有机结合、协调发展的机制，进一步发挥金融市场在金融资源配置中的基础性作用，保持金融市场的整体稳定，形成良好的金融生态，防范系统性金融风险。为实现这一目标，我们要以邓小平理论和“三个代表”重要思想为指导，认真贯彻党的十六大、十六届三中全会和十六届五中全会精神，落实《中共中央关于制定国民经济和社会发展第十一个五年规划的建议》的有关要求，坚持用科学发展观统领金融市场发展全局，围绕“创新、发展、规范、协调”四个方面，依靠市场主体的积极性和创造性，大力推动金融市场创新和对外开放，不断完善市场法律制度建设和基础设施建设，切实强化市场监管和市场风险防范，坚持创新力度、发展速度和市场可承受度的有机统一，循序渐进，促进金融市场全面协调可持续发展。

（一）推动创新，培育市场化运行机制

创新是市场发展的原动力，创新会对整个市场的制度安排、基础设施、中介服务、

投资者素质等提出更高的要求。要积极引导和大力推动金融创新，并建立金融创新的长效机制。金融创新既包括产品与工具创新，也包括制度和体制创新。金融创新的最终需求者是市场主体，市场主导的创新模式更具长久的生命力。因此，产品与工具创新应由市场主体去推动，制度和体制创新主要由政府部门来完成。创新既要吸收国际经验，又必须符合我国国情。在我国间接融资比重过高、风险过度集中于银行业的情况下，市场主体应该充分发挥自身的积极性与主动性，将创新的重点放在发展直接融资产品方面，为投资者提供多样化的投资产品与工具。政府部门要逐步将产品与工具创新的主导权交给市场主体，将工作重心转到制度和体制创新上，完善有关法律法规和会计、审计、税收等基本制度，改革阻碍金融创新的体制和机制，为市场主体的产品与工具创新创造良好的市场环境，同时防范系统性风险。

推动金融创新离不开市场化的运行机制，市场运行市场化程度越高，金融创新越活跃。同时，市场化的运行机制有利于发现价格、降低交易成本、提高运行效率及分散市场风险，是金融市场健康发展的保障。一方面，要不断完善各项市场管理制度，逐渐减少和规范行政许可和行政审批。要建立健全以市场为主导的产品创新机制，规范的市场准入和退出机制，真实反映市场供求状况的价格形成机制，灵活高效的证券发行和交易机制。另一方面，要明确市场各方的权利与责任，充分发挥市场激励与约束机制的作用。政府部门要切实加强市场监管和公共服务职能，维护市场公平和透明，保护市场各方合法权益。市场主体要完善内部治理结构，增强风险识别意识和风险承担能力，提高自身活力与竞争力。中介服务机构要各司其职，严格自律，在竞争中提高自身公信力，接受市场检验，同时为市场激励与约束机制发挥作用提供有力的保障。

（二）加快发展，建立多层有序的金融市场体系

发展是创新的目的，是金融市场的第一要务。要以增强市场功能为着力点，加快发展，形成多层有序、结构合理、运行安全的统一金融市场体系。第一，要有步骤地发展多层次的金融市场体系，丰富金融市场产品种类和信用层次。要稳步发展货币市场，为理顺货币政策传导机制奠定基础，要积极发展资本市场，扩大直接融资，同时要推动保险市场、期货市场等其他市场全面发展。要拓展金融市场功能，丰富市场信用层次，加大非政府信用金融产品的比重，在发展基础产品的同时，有序发展与利率

和汇率相关的期货、期权等衍生产品。第二，要培育与发展金融市场参与主体，形成符合市场运行规律的金融市场架构。一方面，要增强市场主体的自主性，使其决策与行为都遵从市场规律，真正做到自由选择，自负盈亏；另一方面，要根据国际国内成熟经验，使场外市场与场内市场协调发展，满足不同市场主体多元化需求。在货币市场、债券市场等场外市场中，要大力发展机构投资者，使个人投资者通过集合型投资工具分享市场发展成果；在股票市场等场内市场中，要完善市场制度，保护投资者特别是社会公众投资者的合法权益。第三，要加强市场基础设施建设，确保金融市场安全、高效运行。要按照统筹规划、合理分工、服务市场的原则，健全金融市场的登记、托管、交易、清算系统，增强市场基础设施对我国金融市场发展的承载能力和适应能力。

（三）加强规范，优化金融市场生态环境

规范是市场创新和发展的基础与保障。金融市场发展中要充分发挥政府部门市场监管的职能和市场约束与激励机制的作用，加强规范市场主体行为，进一步优化金融生态环境。要形成完备健全的法律制度，松紧适度、协调一致的金融监管架构，切实有效的行业与个体自律。首先，规范的法律制度是金融市场稳定和健康运行的基石。要改革和完善市场准入、发行、交易等制度，保证市场健康、平稳运行。要建立和完善信息披露与信用评级等制度，充分发挥市场约束与激励机制对市场主体的作用。要加强金融监管与风险防范方面的制度建设，为政府部门履行市场监管职能和维护金融稳定提供制度保障。其次，有效的监管体系是维护金融市场良好秩序与环境的保障。要树立依法行政、依法监管的理念，不断完善监管机制和组织架构，努力提高监管专业化水平，既要借鉴国际金融市场监管先进经验，又要充分考虑中国金融市场发展的实际国情。要高度重视金融稳定，通过加强对金融市场运行监测和金融风险前瞻性分析，防范和化解金融风险，建立和完善金融监管与风险防范的长效机制。同时，要加强金融市场监管的协调配合，建立与完善各个监管部门之间的信息共享、沟通便捷、职责明确的协调配合机制，为金融市场的健康、协调发展创造良好条件。第三，切实有效的行业与个体自律是法律制度和监管体系的有力补充。要充分发挥证券、期货、会计师、律师、信用评级机构等行业协会或组织的自律管理作用，制定并执行行业共

同守则，协助监管部门履行职能，居中协调沟通，宣传遵纪守法、诚信自律的行业与市场文化，使市场主体自觉遵守市场纪律，维护市场秩序，中介服务机构不断提高自身执业水平和公信力，信息披露和信用评级等市场约束与激励机制在金融市场发展中真正发挥作用。

（四）注重协调，推动金融市场的全面发展与对外开放

协调是金融市场健康、快速、可持续发展的内在要求。金融市场发展要与我国社会经济发展的现状和经济体制改革的进程相一致。在当前间接融资比例过高、风险过度集中于银行业的情况下，金融市场要在协调直接融资与间接融资发展、提高直接融资比重的过程中发挥重要作用。同时，要增强金融市场之间的统一互联，促进金融市场的全面协调可持续发展。要通过促进场内市场和场外市场，货币市场、资本市场和保险市场，债券市场与股票市场，外汇市场与本币市场，基础产品市场与衍生产品市场的统一协调，加强基础设施建设，建立各市场之间稳定、规范、合法的市场准入和资金流动渠道，进一步提高金融市场的整体效率，充分有效地发挥金融市场配置资源的功能和作用。

在推动金融市场全面发展的同时，要配合建成完善的社会主义市场经济体制和更具活力、更加开放的经济体系的目标，适应经济全球化和加入世界贸易组织的新形势，根据统筹国内发展与对外开放的要求，循序渐进，积极稳妥地推进金融市场对外开放，在更大范围、更广领域、更高层次上参与国际合作和竞争，充分利用国际国内两个市场，优化资源配置，以开放促改革、促发展。在金融市场对外开放过程中，既要“请进来”，也要“走出去”。一方面，要提高法规和政策透明度，创造公平和可预见的市场环境，继续推动合格境外机构参与国内金融市场投资与融资活动，促进国内外机构的各类合作与适度竞争，积极借鉴国际先进经验与技术，提高我国金融机构的竞争力。另一方面，要搭建我国金融市场与国际金融市场的连通渠道与平台，积极利用国际金融市场资源，推动我国金融机构、企业与居民参与国际金融市场活动，促进我国金融市场与国际金融市场的融合，提升我国金融市场在国际金融市场中的影响与地位。

Chapter 2

第二部分 金融市场运行情况

- 货币市场
- 债券市场
- 股票市场
- 外汇市场
- 期货市场
- 黄金市场
- 保险市场

2005年，是我国金融业改革与发展辉煌的一年。货币市场、债券市场、股票市场、外汇市场、期货市场、黄金市场、保险市场等各类金融市场运行总体良好，并展现出各自不同的运行特征。

一、货币市场

（一）同业拆借市场：成交量稳中有降

2005年，全国银行间同业拆借市场累计成交金额1.3万亿元，日均成交金额50.9亿元，比2004年下降11.83%。2005年，同业拆借最高月加权平均利率为2月份的2.31%，最低月加权平均利率为7月份和10月份的1.44%。2005年末同业拆借利率为1.72%，与年初相比下降了34.7个基点。

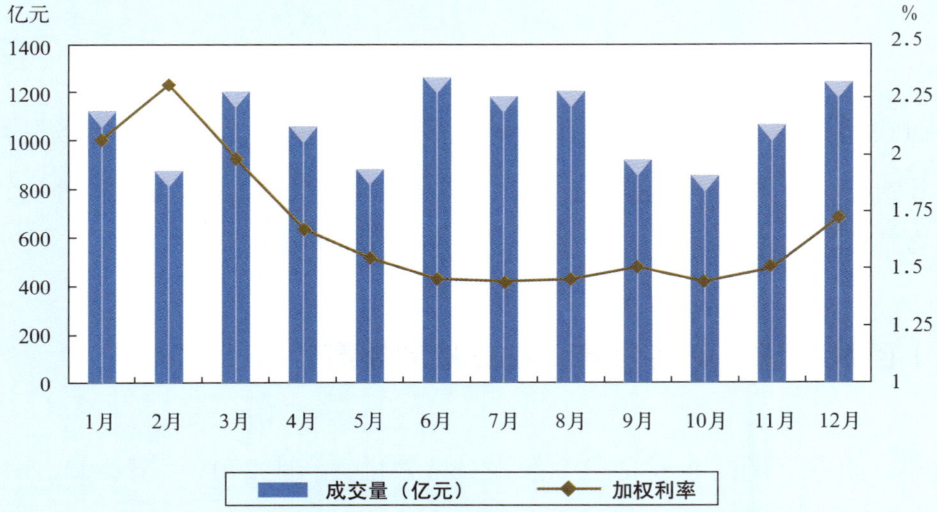

资料来源：《中国金融市场统计月报》。

图2—1　2005年同业拆借市场走势

7天以内的同业拆借累计成交金额1.1万亿元，占全部拆借交易量的87.5%，比2004年下降3.5个百分点。

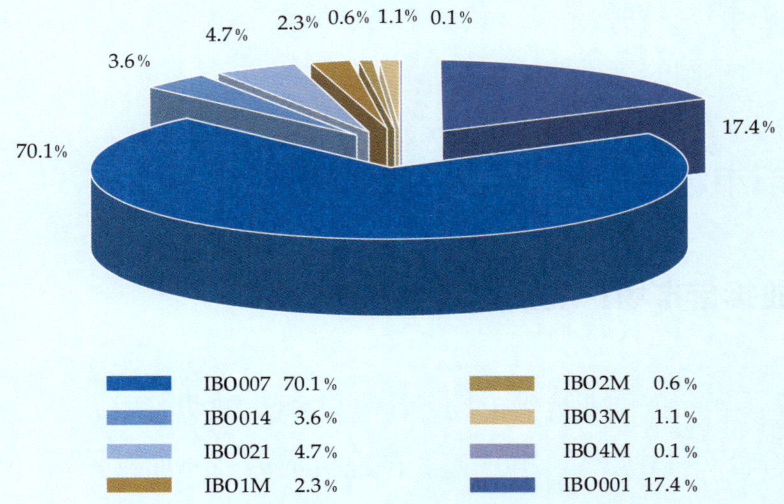

资料来源：《中国金融市场统计月报》。

图2–2　同业拆借市场期限结构

截至2005年末，银行间同业拆借市场成员达695家，是1996年市场运行初期的12.6倍。市场成员类型涵盖了政策性银行、商业银行总行和授权分行、外资银行在华分行、城乡信用社、证券公司、财务公司等多种金融机构。

（二）回购市场：交易活跃，成交量创新高

2005年，债券市场回购成交总金额为18.4万亿元，比2004年增长31.5%。其中银行间市场回购成交金额为15.9万亿元，同比大幅增长66.5%；交易所回购成交金额为2.5万亿元，同比下降46.4%。

2005年银行间市场质押式回购成交6.7万笔，累计成交金额为15.7万亿元，比2004年增长68.4%，日均成交金额625亿元。上半年，受宏观调控和资金供求等综合因素影响，质押式回购利率持续下行，6月份月加权平均利率1.10%，为回购市场利率历史新低，仅比超额准备金利率0.99%高11个基点。11月份以后货币市场流动性发生变化，回购利率上升，2005年末接近当年3月份水平。

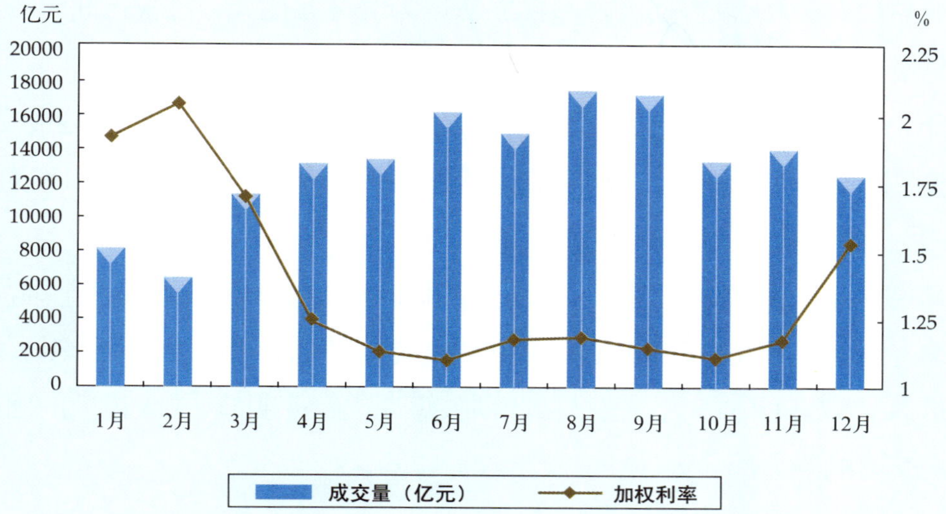

资料来源：《中国金融市场统计月报》。

图2–3　2005年银行间市场质押式回购走势

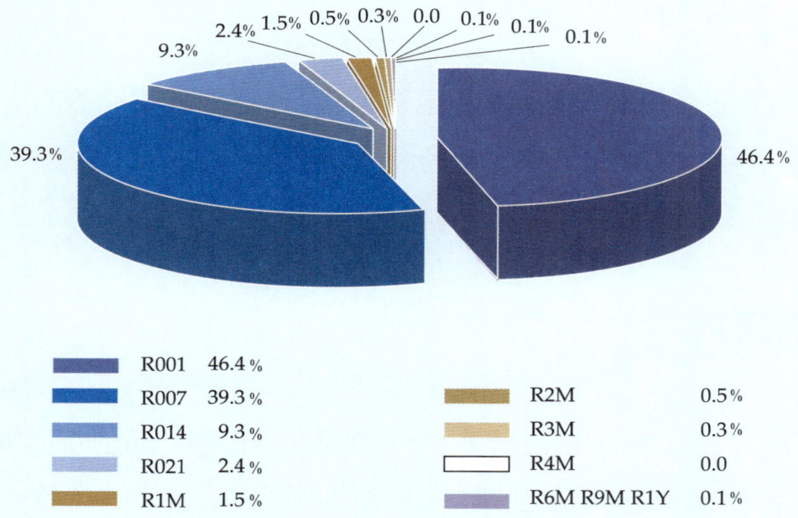

资料来源：《中国金融市场统计月报》。

图2–4　2005年回购市场期限结构

从期限品种看，7天以内质押式回购成交量为13.4万亿元，占银行间市场质押式回购成交总量的85.7%，比2004年上升4.9个百分点。

2005年，银行间债券市场买断式回购累计成交金额2222.8亿元，日均成交8.9亿元。买断式回购利率走势基本与质押式回购保持一致，年内最高月加权利率为2月份的2.10%，最低月加权利率为6月份的1.22%。

2005年回购市场呈现以下特征：一是回购标的债券以国债和政策性金融债为主，其成交量约占市场总成交量的80%；二是回购交易量随现货市场发展而上升，2005年回购交易量为1997年的516倍；三是回购期限短期化特征明显，7天以内的回购交易占全部回购交易的绝大部分。

（三）票据市场：规模快速扩张

截至2005年末，汇票承兑余额1.96万亿元，比2004年末增长32%；贴现余额1.38万亿元，比2004年末增长35%。在市场规模扩大的同时，银行承兑汇票背书转让增加，二级市场流动性增强。

近年来，我国票据市场发展呈现以下特点：一是票据融资成为企业重要的短期融资方式，2005年末汇票贴现余额与同期贷款余额之比达到7%；二是票据市场竞争加剧，部分商业银行通过系统内票据业务专营等方式，加强对票据业务的集约化经营和集中管理；三是银行承兑汇票仍是票据市场最主要的工具，银行承兑汇票累计签发量、未到期余额均占汇票总额的95%以上，商业承兑汇票较少。

二、债券市场

2005年，我国债券市场继续保持健康的发展势头，市场产品创新不断推出，债券发行规模快速扩大；市场交易明显活跃，成交量大幅增长；投资主体数量继续快速增加，类型日渐丰富；市场制度性建设获得较大进展，市场运行机制更为完善。

（一）一级市场：债券品种更为丰富，期限结构日趋合理

2005年，我国债券市场累计发行债券4.1万亿元，同比增加67.2%。其中，财政部发行记账式国债15期，共计5042亿元，同比增加14.3%；人民银行发行中央银行票据124期，共计27462亿元，同比增加82.2%；政策性银行发行金融债券50期，共计6051.7亿元，同比增加39.2%；商业银行发行次级债券11期，共计766.3亿元，同比增加2.3%，发行一般性债券4期，共计270亿元；试点银行发行信贷资产支持证券2期，共计71.9亿元；国际开发机构发行人民币债券2期，共计21.3亿元；企业发行短期融资券76期，共计1392.5亿元；证券公司发行短期融资券5期，共计29亿元。2005年，债券一级市场运行主要有以下特点：

一是债券发行主体进一步多样化，债券品种和信用层次逐渐丰富。债券发行人已从财政部、人民银行、政策性银行扩大至部分商业银行、非银行金融机构、国际开发机构和企业等各类主体，金融债券、资产支持证券、国际开发机构人民币债券、短期融资券等非政府信用的债券品种相继推出，债券信用等级和种类都日趋多样化。

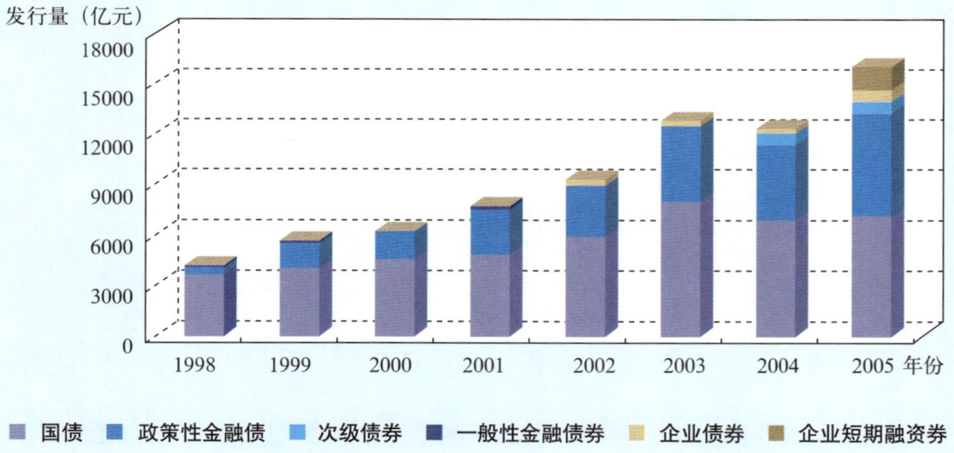

资料来源：中国债券信息网。

图2–5 近年来债券市场各类债券发行量变化情况

二是债券发行期限结构日趋均衡。2001年以来，期限5年以内（不含5年）的债券发行比例逐年增大，中长期债券发行比例逐渐减少。2005年，期限5年以内债券发行量占比48.1%，比2004年上升1.8个百分点，比2001年上升26.6个百分点；期限5~10年的债券发行量占比25.5%，比2004年下降12.8个百分点，比2001年下降8.22个百分点；期限10年以上的债券发行量占比26.4%，比2004年上升11.1个百分点，比2001年下降29.4个百分点。期限5年以内和10年以上的债券发行占比均有所上升，5~10年期的债券发行占比明显下降，债券期限结构日趋均衡。

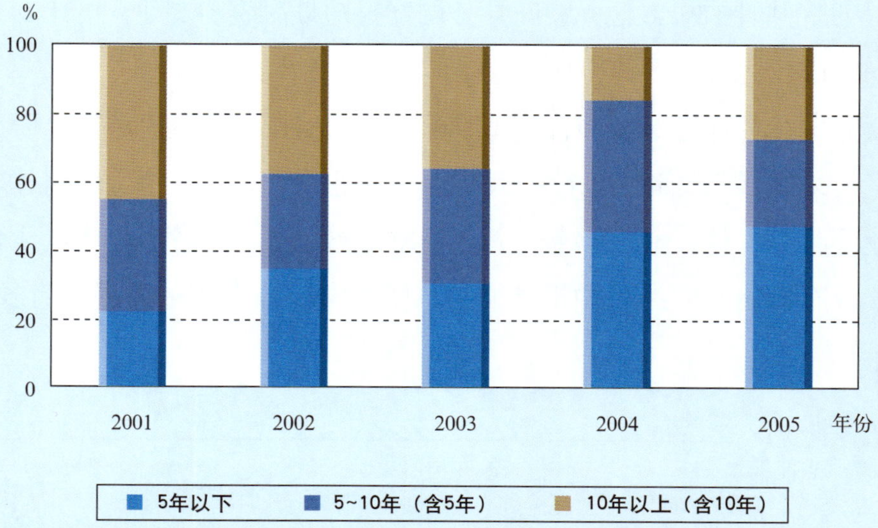

资料来源：中国债券信息网。

图2-6　近年来银行间债券市场发行期限结构变化情况①

三是债券市场存量明显增加，场外市场快速发展。2005年末，我国债券市场债券余额达7.2万亿元，同比增加39.8%。其中，银行间债券市场、交易所市场、商业银行柜台市场的占比分别为93.8%、5.5%和0.7%。

债券产品的不断丰富，表明随着我国金融市场的发展与商业银行改革的推进，直接融资渠道不断拓宽，金融资产结构不断优化，长期以来间接融资占绝对比重的局面

①各年数据均不包含中央银行票据。

已有所改观。债券发行期限结构调整，反映了发行人和投资人在市场发展中逐渐理性和成熟。

（二）二级市场：总体持续上涨，成交量大幅增长，市场利率持续走低

2005年，债券市场流动性较为充足，收益率曲线整体下移，推动债券价格整体上行，现券交易明显活跃。市场运行主要有以下特点：

一是债券市场总体呈现持续上行走势。2005年，银行间市场债券指数由年初的104.02点上升至年末的113.23点，上升9.21点，升幅8.85%；交易所市场国债指数由年初的95.69点上升至年末的109.06点，上升13.37点，升幅13.97%。

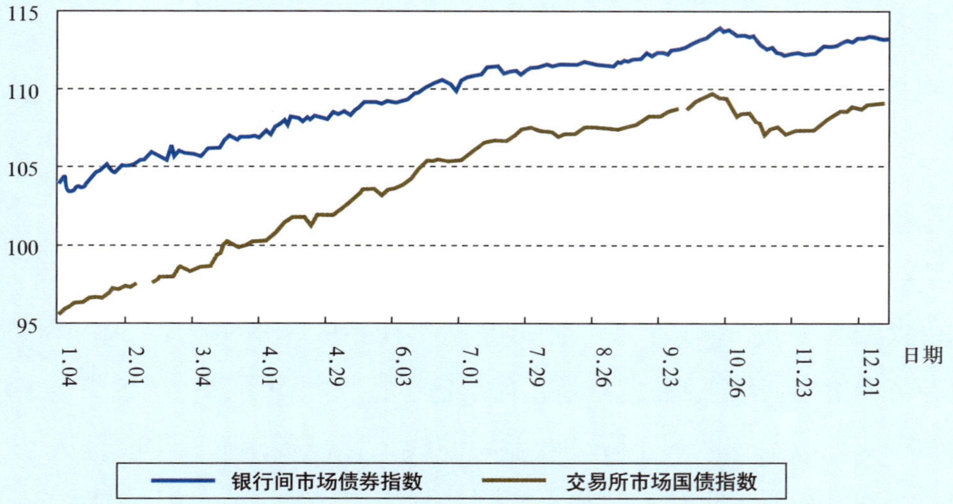

资料来源：中国债券信息网、上海证券交易所。

图2–7　2005年银行间市场与交易所市场债券指数走势图

二是交易明显活跃，成交量同比大幅增长。2005年，债券市场现券交易总量为6.3万亿元，比2004年增加了122.6%。其中，银行间债券市场成交6.01万亿元，同比增长137.8%，占市场交易总量的95.5%；交易所市场成交2780.6亿元，同比下降6.3%，占市场交易总量的4.5%。债券市场价格整体上行是现券交易活跃的主要原因；产品创

新不断推出，也导致市场成交意愿大大增强。

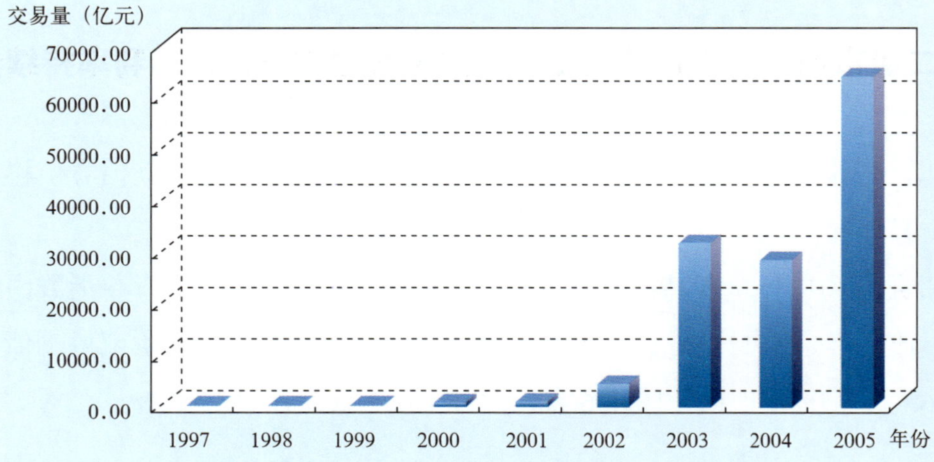

资料来源：中国债券信息网。

图2-8　近年来银行间债券市场现券成交量变化情况

三是收益率曲线整体下移。2005年，国债收益率曲线呈现总体平稳下移趋势，其中，中长期债券收益率下降更为明显，导致收益率曲线平坦化。具体来看，收益率曲线变化可大致分为三个阶段：第一阶段是从年初到9月份的持续总体下移阶段，这一阶段债券市场价格持续上涨，尤其是超额准备金存款利率下调后导致市场流动性充足，各期限债券到期收益率明显下降，收益率曲线下移较多；第二阶段是从10月份到11月底的小幅回升阶段，收益率曲线小幅回升到与7月中旬基本相同的水平；第三阶段是年底的小幅下移阶段，随着年底债券市场价格整体回升，收益率曲线又出现小幅下移。

在市场利率长期走低、中长期债券收益率下降幅度较大的情况下，长期债券收益率与货币市场利率之间的利差总体呈现逐渐缩小的趋势。长期债券收益率下降幅度较大的重要原因在于长期债券供求关系不平衡：一方面，保险公司、社保基金等对长期固定收益产品的投资需求正在快速增长；另一方面，我国资本市场包括债券在内的长期产品供给相对不足。

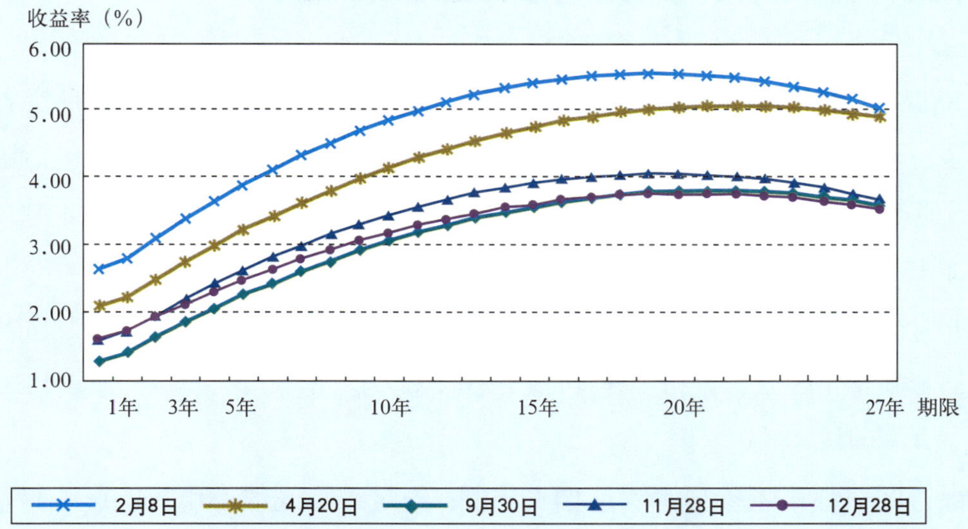

资料来源：中国债券信息网。

图2-9 2005年银行间市场国债收益率曲线变化情况

资料来源：中国货币网、中国债券信息网。

图2-10 2005年长期国债收益率与货币市场利率之间的利差变化情况①

①此处长期国债选取了国债030003，待偿期为18年左右，货币市场利率选取了7天回购加权平均利率。

（三）市场主体：市场参与者数量继续快速增长

2005年，银行间债券市场参与者保持了近年来的快速增长势头，投资者数目进一步增多。截至2005年末，银行间债券市场共有市场参与者5508家，包括银行、证券公司、基金、保险机构、其他非银行金融机构、信用社和企业等各类机构，比2004年末增加1525家。

非金融企业与资金集合型投资主体增加较多。在新增市场参与者中，企业新增959家，基金新增145只，银行新增44家，保险机构新增30家，其中基金比2004年多增85只，增速明显加快。

银行间债券市场参与者快速增长表明：一是银行间债券市场的影响日益扩大，吸引更多的非金融企业积极参与市场活动；二是近年来债券市场快速发展，债券投资需求增大，基金管理公司在不断推出新型基金产品，如货币市场基金、稳健增值基金、保本基金等时，新的基金投资组合中债券的比重一般较高；三是外资银行、城市信用社、保险公司等转变经营方式和策略，积极投资债券市场。

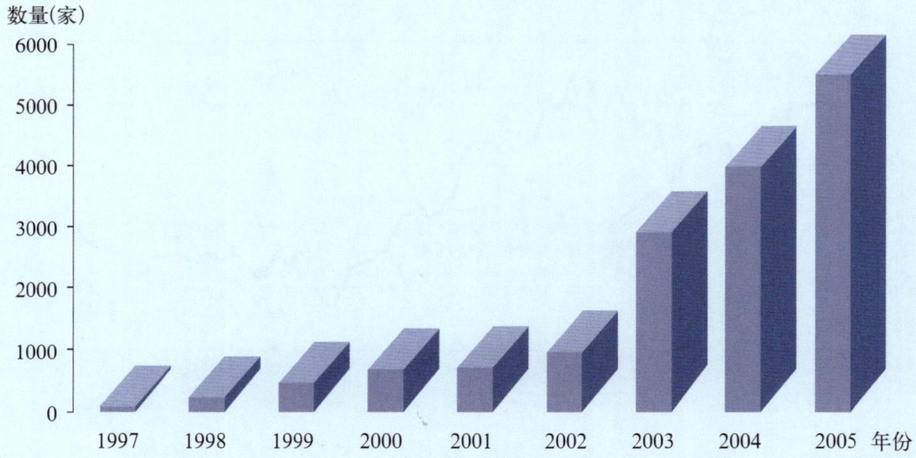

资料来源：中国债券信息网。

图2–11 近年来银行间债券市场参与者增长情况

（四）柜台交易：商业银行柜台记账式国债交易稳中有升

2005年，商业银行柜台记账式国债业务运行平稳，柜台网点逐渐增加，成交量同比有所放大。全年共达成交易7.8万笔，同比增长22.5%；成交量为65.7亿元，同比增长5.7%。2005年柜台市场的特点有：一是新发债券逐渐增加，新增3只记账式国债在商业银行柜台交易，使得可交易的国债数量达到11只；二是随着银行间债券市场和交易所债券市场的全面上行，柜台市场债券价格也出现大幅上扬，交易更为活跃；三是投资者呈净卖出态势，全年投资者净卖出债券11亿元。

三、股票市场

2005年是我国股票市场重大变革的一年。虽然全年股票融资量和交易量较2004年明显下降，但在制度层面发生了重大转折，主要表现在：股权分置改革正式启动，并探索出了股权改革的有效路径；产品创新、发行创新和交易创新迈出新的步伐，多个层面的创新取得重大进展；上市公司综合监管体系进一步健全，促进公司治理水平提高；法制建设进一步加强，未来创新的制度空间得到扩展。

（一）股票融资规模和交易规模下降

截至2005年末，沪深两市共有上市公司1381家，上市股票总数1464只（其中A股1355只，B股109只），流通市值和总市值分别为1.1万亿元和3.2万亿元，分别比2004年下降了9.4%和12.4%。

2005年证券市场新股发行15家，增发4家，配股2家。从融资量看，新股发行融资57.6亿元，增发融资269.7亿元，配股融资2.62亿元，股票融资量总计329亿元左右。与2004年相比，2005年的股票融资规模大幅下降，融资总额下降47.1%，新股融资仅为上一年的约1/6，配股基本上不再进行。为了配合股权分置改革的推进，从2005年5月起股票融资暂停，2005年股票融资实际上只有4个月的时间。

2005年股票市场A股合计交易金额为3.1万亿元，与2004年相比下降了24.9%。其中，沪市成交金额1.9万亿元，占成交总额61%；深市成交金额1.2万亿元，占成交总额39%。

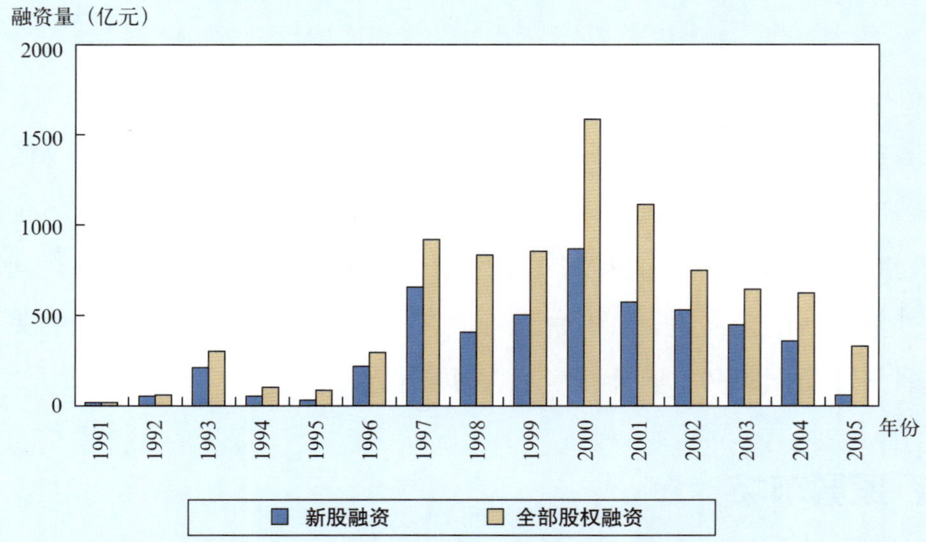

资料来源：上海证券交易所、深圳证券交易所。

图2-12 历年证券市场股权融资

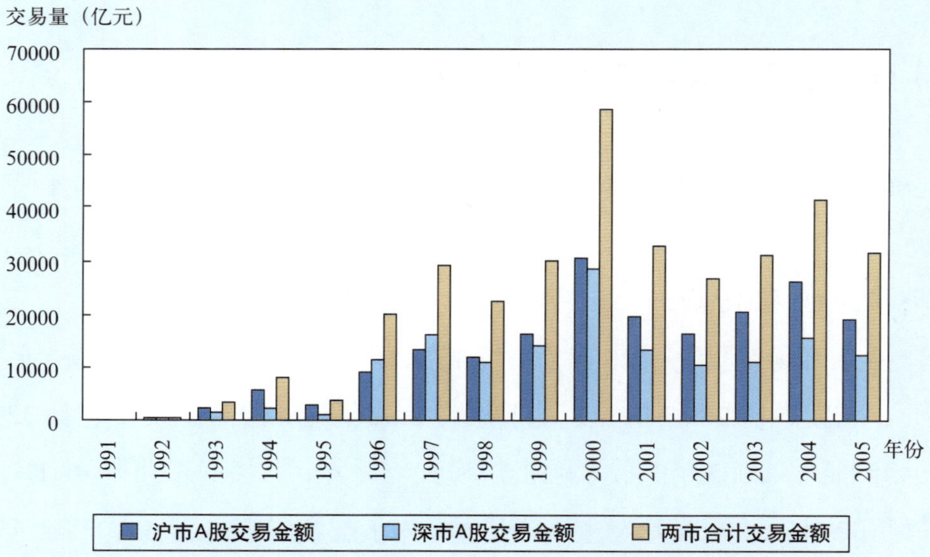

资料来源：上海证券交易所、深圳证券交易所。

图2-13 历年证券市场A股交易情况

除A股外，2005年上海证券交易所B股成交21.68亿美元，深圳证券交易所B股成交359亿港元。为配合股权分置改革而新推出的权证产品交易较为火爆，两市权证交易总额为2188亿元人民币。

（二）市场总体先抑后扬

2005年股市先抑后扬，3月份两市股票指数开始下跌，在6、7月份达到年内低点，此后在股权分置改革的刺激下，股指逐步上行。2005年上证综指全年下跌6.57%，年内收盘价最高点为3月8日的1318点，最低点为7月11日的1011点，盘中还一度下破1000点大关，创近年新低。

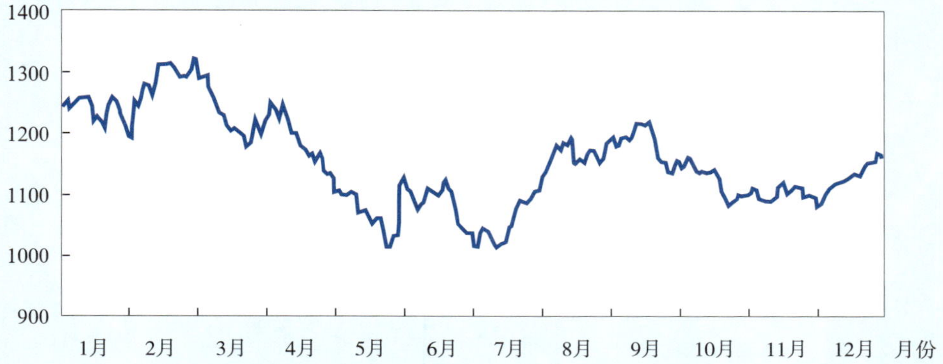

资料来源：上海证券交易所。

图2-14　2005年上证指数表现

2005年沪市A股投资累计开户数达到3648万户，深市A股投资累计开户数3553万户，分别比2004年新增44万户和41万户。基金的较快发展进一步夯实了股票市场的机构投资者基础，全年基金（不包括货币市场基金）发行39只。

四、外汇市场

(一)人民币汇率形成机制改革后人民币稳步走强

美元、港元缓慢下行。人民币汇率形成机制改革前银行间外汇市场上人民币兑美元基本稳定在8.2765的日加权平均价位上，7月21日人民币兑美元中间价一次性调整为8.11，其后美元缓慢下行，上下振幅在426点内(见图2-15①)。年初港币日加权平均价为1港币兑1.0631元人民币，前半期港币走势相对平稳，5月中旬后略有上行，7月22日汇改出台后下跌1.5%，随后港币在43点的窄幅内波动(见图2-16)。

日元、欧元振荡走低。年初银行间外汇市场上人民币兑日元日加权平均价为100日元兑8.0535元人民币，1月17日上冲全年最高日加权平均价8.0997，随后日元基本呈波动中缓慢下滑走势，年末报收于6.8716(见图2-17)。四种外币中，欧元汇率波幅最大，年初欧元日加权平均价为1欧元兑11.1474元人民币，为全年最高日加权平均价；随后欧元在振荡中逐级走低，年末以9.5797报收(见图2-18)。

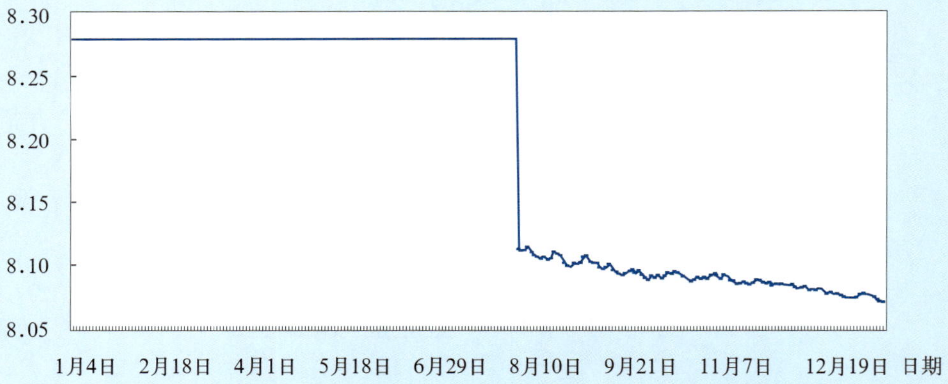

资料来源：中国货币网。

图2-15 2005年人民币兑美元交易走势图

① 从2005年7月22日起，中央银行公布银行间外汇市场美元等交易货币对人民币汇率的收盘价，作为下一工作日该货币对人民币交易的中间价；相应地，图中所示价格在2005年1月4日至2005年7月21日为日加权平均价，2005年7月22日至2005年12月30日为收盘价。下同。

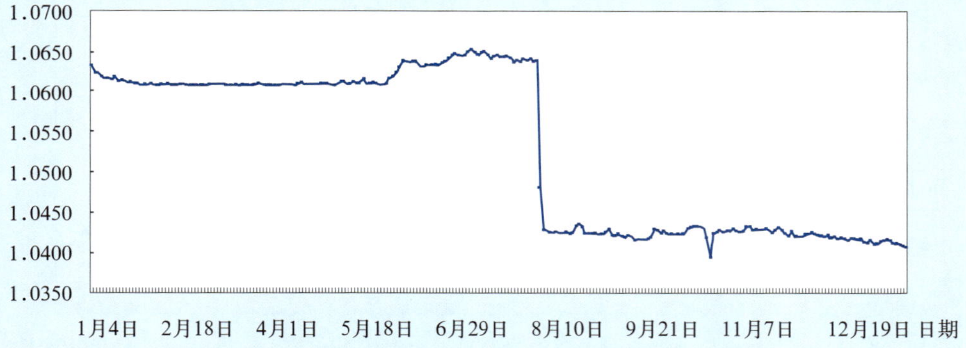

资料来源：中国货币网。

图2—16　2005年人民币兑港币交易走势图

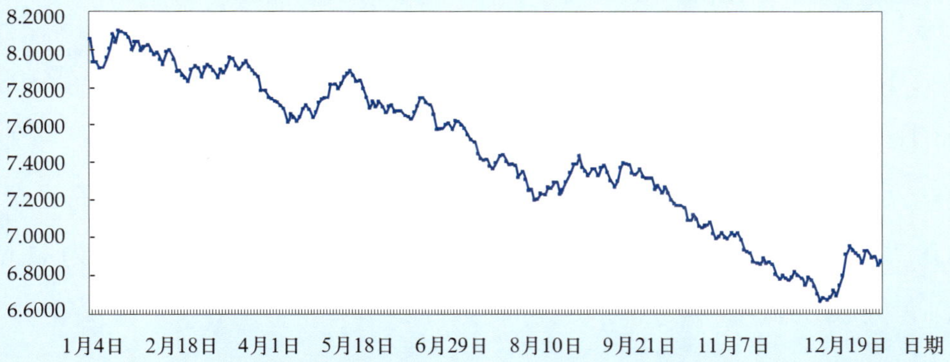

资料来源：中国货币网。

图2—17　2005年人民币兑日元交易走势图

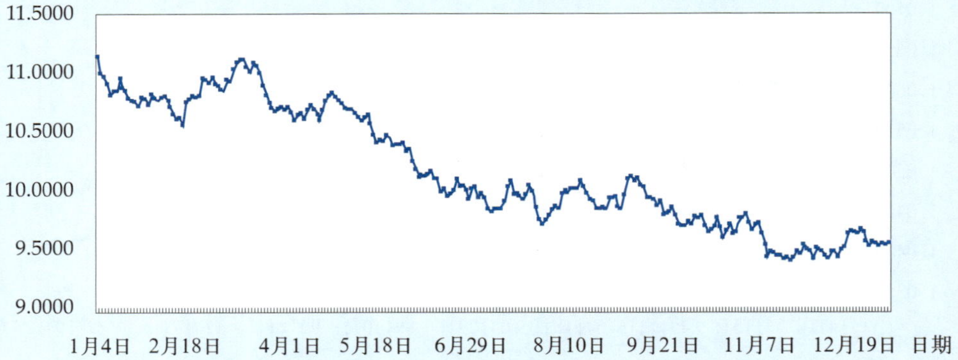

资料来源：中国货币网。

图2-18　2005年人民币兑欧元交易走势图

（二）外币对交易推出，美元交投相对活跃

2005年5月18日，我国银行间外汇市场正式推出外币与外币之间的8个外币对交易，为我国外汇市场新辟一个外币买卖市场。全年共有159个交易日，8个外币对累计交易2.4万笔，累计成交量折合521.3亿美元，日均成交量3.3亿美元。在外币对交易所涉及的币种中，美元交投相对活跃。8个外币对中，交易最活跃的三个外币对为EUR/USD、USD/HKD和USD/JPY，成交量占总交易量的比重分别为41.6%、25.6%和23.2%（见表2-1）。

表2-1　2005年银行间外币买卖市场各外币对交易情况表

成交量单位：亿美元

货币对	EUR/USD	AUD/USD	GBP/USD	USD/JPY	USD/CAD	USD/CHF	USD/HKD	EUR/JPY
成交量	216.97	16.13	19.26	120.80	3.33	5.11	133.51	6.22
占比(%)	41.6	3.1	3.7	23.2	0.6	1.0	25.6	1.2

资料来源：中国货币网。

（三）引入远期外汇交易，远期美元报价稳中趋降

2005年8月15日，我国银行间外汇市场引入了第一个衍生产品——远期外汇交易。全年远期外汇交易各币种共成交277笔，其中美元成交263笔，日元成交14笔。全年市场发生交易的有美元/人民币的1周、1个月、2个月、3个月、6个月、9个月和1年七个期限品种，以及日元/人民币的1周、1个月、2个月和3个月四个期限品种。成交量最大的两个期限品种为美元1年期和1个月期。

远期美元报价稳中趋降。美元1个月期远期报价在8月推出后保持相对稳定，随后经历了一个从波幅逐渐放大、再到波幅逐渐收缩的过程；11月后，报价呈现上下震荡走势，在8.0502附近受到有力支撑（见图2–19）。美元1年期远期报价在业务推出之初先上行并企稳，8月末回复初始价位，此后在相当长时间内保持稳定，11月报价呈逐级下行之势，12月止住跌势，月末一度大幅上扬，但随即迅速回归，以7.7500的全年最低点报收。

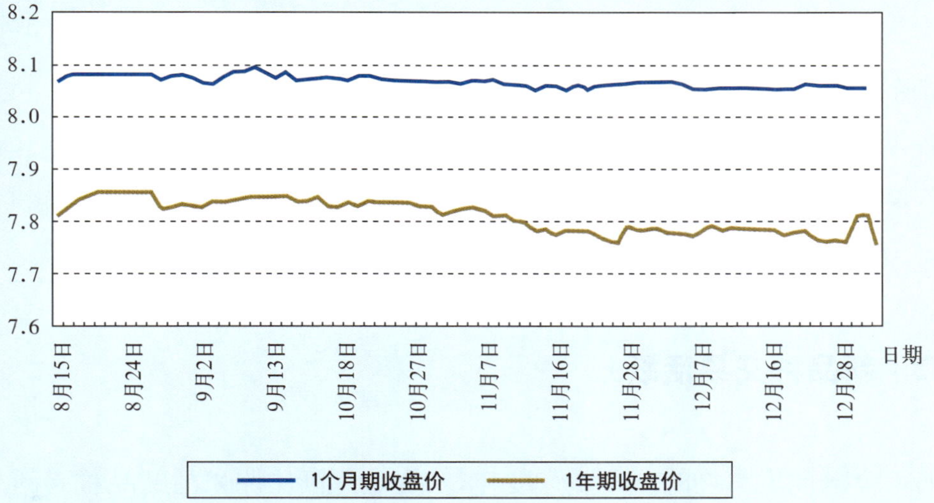

资料来源：中国货币网。

图2–19　2005年1年期和1个月期美元远期市场报价走势图

五、期货市场

2005年是中国期货市场经过几年连续较快增长后进行调整、巩固的一年。虽然期货交易规模低于2004年，但期货市场的功能和作用继续发挥，新品种上市运行成功，对外开放有了实质性进展，基础建设继续加强，为我国期货市场的进一步发展奠定了基础。

(一)市场总体运行平稳

2005年，国内期货交易成交额累计为13.4万亿元，较2004年减少了8%。其中，上海期货交易所占49%，累计成交6.54万亿元；大连商品交易所占35%，累计成交4.74万亿元；郑州商品交易所占16%，累计成交2.16万亿元。

2005年国内期货各品种共成交3.23亿手，与2004年相比增加了6%。其中，大连商品交易所占了62%，成交了1.98亿手；上海期货交易所占21%，成交0.67亿手；郑州商品交易所占17%，成交0.56亿手。虽然国内期货市场总成交量有一定幅度的增加，但是由于铜、铝、黄大豆1号成交出现萎缩的迹象，使得2005年期货品种总成交金额出现了小幅下滑。

在各期货品种中，2005年铜品种经历了有史以来的牛市；大豆品种整体走势相对平静；小麦品种运行稳定，天然橡胶品种出现暴涨；上市15个月的燃料油期货合约年涨幅超过50%，居国内商品期市各品种涨幅排行榜之首。

(二)新品种交易活跃

2005年全国期货市场的一个重大变化是,资金逐渐由原来活跃品种向新品种迁移。2004年新上市的玉米、棉花和燃料油等新品种交易量增长较快，成为市场活跃的主要力量。这三个上市时间不到两年的新品种，2005年交易量分别达4372万手、2174万手和1962万手，同比大幅增长275%、263%和248%；交易额分别为5506亿元、15685亿元和5623亿元，同比增长307%、314%和355%。一些品种甚至成为了交易所主打品种，如郑州商品交易所的棉花期货2005年的成交额占郑州商品交易所总成交额的

72.7%。从所有上市品种来看，大连商品交易所黄大豆1号仍是交易最为活跃的品种，全年交易量为7779万手，占期货交易总量26%。

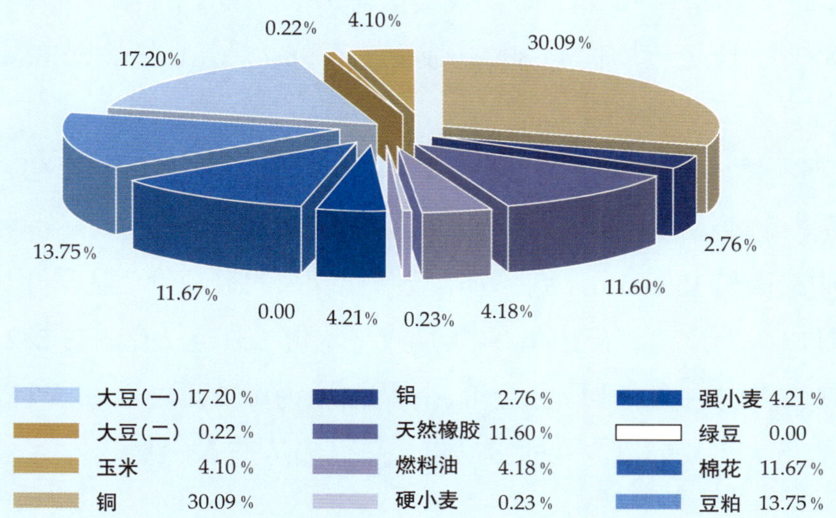

资料来源：大连商品交易所、上海期货交易所、郑州商品交易所。

图2–20　2005年度全国期货交易所各品种成交金额分布

（三）市场份额向大公司集中

在2005年全国期货市场13.4万亿元交易额中，排名前20名的期货经纪公司就占了55.7%，市场份额向大公司集中倾向明显。由于国内期货经纪公司的成交比例并不均匀，成交排名前20名的公司的成交额占据了期货市场总成交额的绝大部分。

六、黄金市场

2005年，我国黄金市场量价齐增，现货交易稳定增长，保证金交易迅速发展，市场参与者多元化结构逐步形成，展现出良好的运行态势。

（一）黄金、铂金交易活跃，价格不断上扬

黄金和铂金交易比较活跃，交易规模继续扩大。2005年，黄金与铂金交易量双双创市场开业以来的新高。全年黄金累计成交906.4吨，比上年增长36.2%；成交金额1069.8亿元，比上年增长46.3%；日均成交量为3745.5公斤，同比增长40.7%。全年共成交铂金40.8吨，比上年增长46.89%；成交金额98.7亿元，增长53.6%；日均成交量增长51.74%。

黄金价格不断上扬，价格走势与国际市场基本一致。2005年初，黄金价格为114.76元/克，年底达到133.39元/克，涨幅达到16.23%，低于国际市场19.93%的上涨幅度。其中最高价139.15元/克，创市场开业以来的最高价，最低价110.40元/克，加权平均价117.26元/克，高出2004年加权平均价7.51元/克。在242个交易日中，有139个交易日国内金价高于国际金价，平均幅度为0.52元/克，103个交易日国内金价低于国际金价，平均幅度为0.58元/克，总体趋势基本一致。

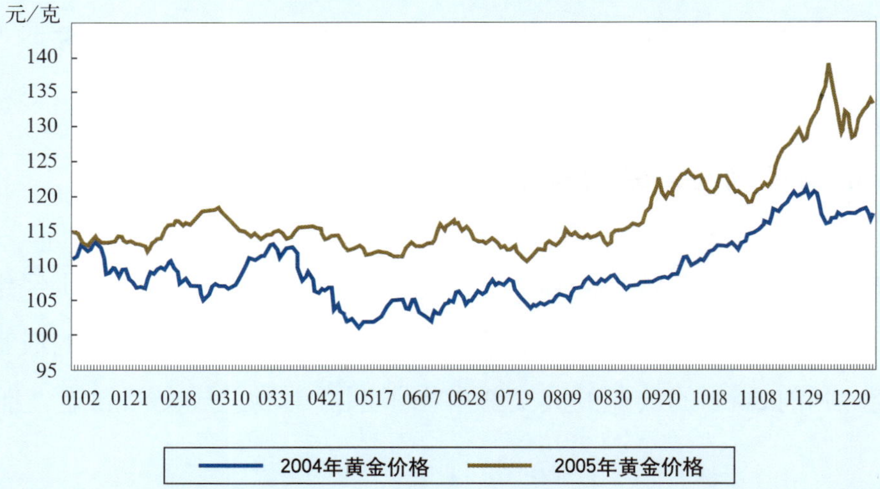

资料来源：上海黄金交易所。

图2-21 2004年、2005年黄金价格波动比较

铂金价格再创新高。年初铂金价格为232.39元/克，年底达到257.86元/克，涨幅达10.96%，低于国际市场13.68%的上涨幅度。其中最高价270.96元/克，最低价230.79元/克，加权平均价241.77元/克，高出2004年加权平均价10.51元/克。

（二）保证金交易发展迅速，参与者多元化结构逐步形成

现货交易稳定，保证金交易发展迅速。目前上海黄金交易所共有Au99.95、Au99.99、Au50g和Pt99.95以及Au(T+5)、Au(T+D)六种交易品种。现货为主要交易方式，其中Au99.95和Au99.99两个品种是最早和最活跃的交易品种，交易量占市场总量的82.08%，较好地满足了生产企业和使用企业的现货需要。

Au(T+5)和Au(T+D)是两个保证金交易品种，可以满足生产、使用企业规避价格风险的需要，特别是Au(T+D)品种逐渐得到市场的普遍认可，交易量增加非常快，同比增长6.5倍，是交易所增长最快的品种，占市场的比重已由上年的3.25%迅速提高到17.86%。

市场参与者多元化结构逐步形成。黄金市场主体主要由产金冶炼企业、用金和其他企业、商业银行和代理客户构成，市场参与者多元化结构逐步形成，参与市场的能力进一步提高。截至2005年底，上海黄金交易所共有会员128家，其中商业银行16家，产金冶炼企业31家，用金和其他企业81家。

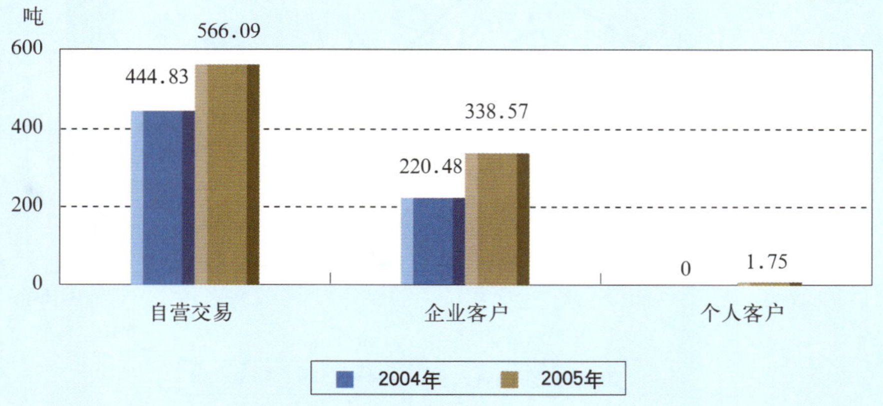

资料来源：上海黄金交易所。

图2-22 2004年、2005年自营交易量与代理交易量

自营交易仍占主导地位，但代理业务增长迅速。2005年上海黄金交易所会员自营交易量达566.1吨，同比增长27.3%，占总交易量的62.4%，自营交易仍占主导地位。截至2005年末，代理企业客户1139家，代理个人客户数量1534人，代理交易量340.3吨，同比增长53.57%，占总交易量的37.6%。从增长速度来看，代理业务总量大大快于自营业务的增长速度，市场的辐射力和影响力日益扩大。

七、保险市场

2005年我国保险市场继续保持健康、稳定发展，市场主体不断增加，保费收入稳定增长，资产规模快速扩张，资金运用手段日益丰富，资产管理改革不断深入。目前，保险公司已成为我国金融市场重要的机构投资者。

（一）保险业务继续保持健康、稳定增长的良好势头

截至2005年末，保险公司总资产15225.9亿元，比年初增加3240.1亿元。全年保费收入4927.3亿元，同比增长14%。其中，财产险保费收入1229.9亿元，同比增长

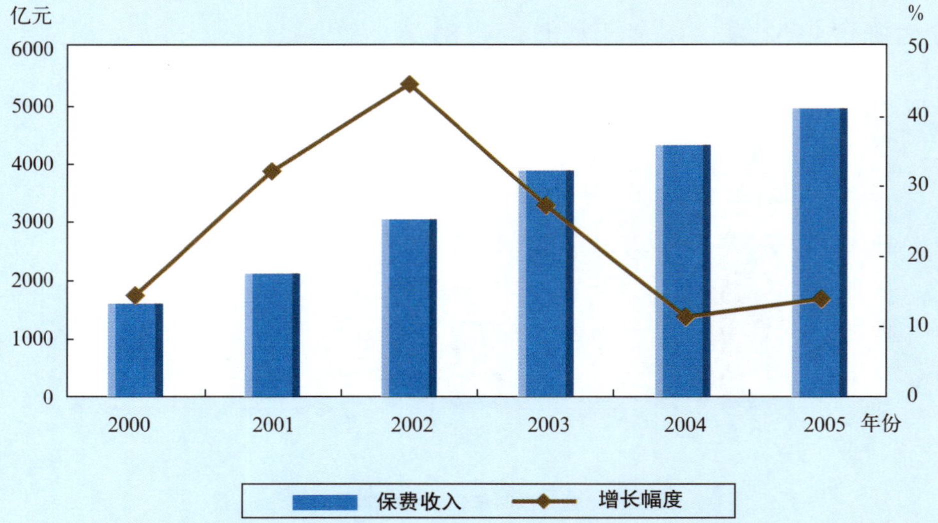

资料来源：中国保监会网站。

图2-23 2000–2005年保费收入和增长幅度对比图

12.9%，占总保费收入的25.0%，是2000年的2.1倍，五年年平均增幅为15.5%；人身险保费收入为3697.5亿元，同比增长14.3%，占总保费收入的75.0%，是2000年的3.7倍，五年年平均增幅为30.0%。保险中介日益成为我国保险业最重要的销售渠道。2005年，保险业全部保费收入中，通过保险中介销售渠道实现的保费收入约3596亿元，约占73%。

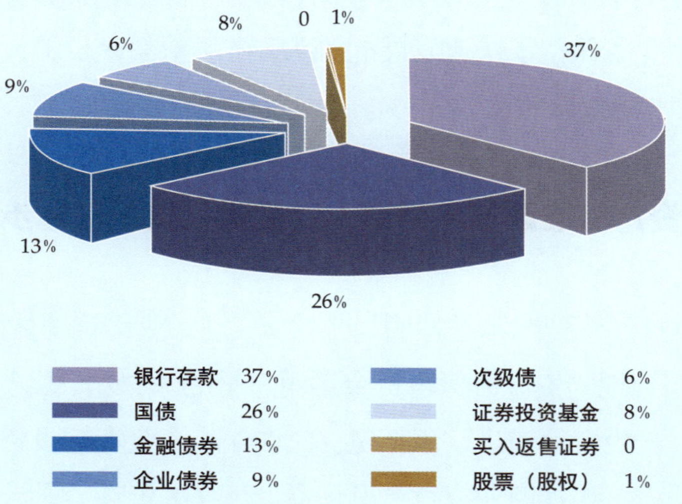

资料来源：中国保监会网站。

图2-24 2005年保险资金投资结构图

（二）保险资金规模快速扩大，资金融通功能日益强化

截至2005年末，保险资金运用余额14315.8亿元，比年初增加3357.2亿元。其中，保险公司持有国债3588.3亿元、金融债1785.1亿元、企业债1207.6亿元，分别占其发行余额的12.6%、13.4%和67%；持有银行次级债804.9亿元，占发行余额的44.6%。同时，保险机构作为重要的机构投资者，通过增加基金投资和直接投资股票，对维护资本市场稳定发挥了重要作用。

（三）保险市场主体不断增加，市场竞争度稳步提高

截至2005年末，全国共有保险机构93家，其中保险集团和控股公司6家，财产保险公司35家，人身保险公司42家，再保险公司5家，保险资产管理公司5家；保险专业中介机构1800家，保险兼业代理机构12万家。外资保险机构数量稳步增加，2005年共有3家外国保险公司进入我国保险市场，25个外资保险公司营业机构在国内开业。至2005年末，共有外资保险公司37家，其中，财产保险公司13家，人身保险公司24家。外资保险公司业务保持了快速发展的势头，市场份额逐步扩大，2005年全年保费收入341.2亿元，占总保费收入的6.9%。

（四）保险资产管理改革不断深入，促进投资效益稳步提高

2005年，保险资产管理改革进程明显加快。一是专业化管理体制逐步完善。目前，保险资产管理公司管理的资金占保险资金运用总量的77.7%，保险资金专业化管理的框架初步形成。二是投资渠道进一步拓宽。允许保险资金直接投资股票市场，允许保险外汇资金境外投资，增加商业银行金融债券、短期融资券、国际开发机构债券等新的投资工具，增加了资金管理的弹性和空间。保险资产管理专业化，保险投资渠道拓宽，为保险资金稳步提高投资收益奠定了基础，全年投资收益率达到3.6%，比上年提高0.7个百分点。

2006年保险市场产品创新力度将进一步加大，农业保险将取得重要进展，责任保险产品创新将不断提速，风险保障型产品和长期储蓄型产品将进一步得到强化，养老保险和健康保险不断发展。保险资产管理体制将继续深化，资产负债匹配管理将进一步加强，保险资产管理产品创新试点和保险资产第三方委托试点将逐步开展。与此同时，投资渠道将进一步拓宽，保险资金投资股权、资产证券化产品，以及保险机构设立基金公司等都将取得实质性进展。

Chapter 3

第三部分 金融市场建设

- 产品创新
- 金融市场制度建设
- 交易主体和中介机构的培育与发展
- 基础设施建设

金融市场建设是一项复杂的系统工程，涉及产品创新、市场制度、市场主体培育、基础设施等多方面的建设。金融市场的协调发展，是提高金融市场效率、深化市场功能的根本保障，也是市场建设工作的核心内容。

近年来，我国金融市场总体呈现持续、快速和健康发展。金融产品创新活跃，新的债券品种、交易品种、股票衍生产品，以及个人黄金业务、新型保险产品等创新金融产品相继推出，金融市场产品结构日渐丰富。各项市场制度逐步完善，管理部门相继出台各项法规，建立和完善了证券发行、信息披露、信用评级、做市商等市场制度，规范了市场秩序。市场主体的发展与培育取得进步，新的交易主体相继面世，证券公司综合治理也在稳步进行中，合格机构投资者群体扩大。基础设施建设稳步推进，交易系统、登记托管系统、支付系统等建设取得了显著的进步，为金融市场安全、稳健运行奠定了基础。

一、产品创新

2005年，我国金融市场通过将防范金融风险和鼓励金融创新有机结合，在创新中不断发展。金融市场的产品创新，提高了金融市场配置金融资源的效率，改善了我国金融市场结构和融资结构，促进了我国金融市场的快速、协调和健康发展。

（一）货币市场创新

1. 短期融资券

我国直接融资与间接融资发展不均衡，企业过度依赖银行贷款作为外部融资手段，直接融资工具匮乏、渠道狭窄。企业直接融资市场发展相对滞后，对宏观经济政策提出了多方面的挑战，如货币供应量持续高增长、金融风险过度集中于银行体系、货币政策传导不畅、储蓄转化为投资效率低等。应对宏观经济挑战，需大力发展直接融资，加快金融产品创新步伐，促进金融市场发展。发展短期融资券市场是重要的突破口。

短期融资券是企业向合格机构投资者发行的短期固定收益产品，是以企业信用为基础的直接融资工具。2005年5月23日，中国人民银行发布了《短期融资券管理办法》以及《短期融资券承销规程》、《短期融资券信息披露规程》等配套文件，允许符合条件的企业在银行间债券市场向合格机构投资者发行短期融资券。《短期融资券管理办法》充分体现了市场化原则。在市场准入方面，坚持弱化行政干预，市场能解决的问题一定要交给市场解决，坚决让行政部门从对发行人的实质判断中摆脱出来；在发行方式上，坚持采用代销、包销、招标等市场化发行方式，发行利率通过市场竞争形成；在市场发展进程方面，坚持市场发展必须遵循客观规律，注意循序渐进；在风险防范方面，坚持强化信息披露、信用评级等市场约束手段，投资人自主判断、自行承担风险的基本原则。

2005年5月26日，华能国际、振华港机、国航股份、五矿集团、国家开发投资公司5家企业成功发行了7只短期融资券，总面额共109亿元。工商银行、中国银行、建设银行、光大银行等商业银行分别担任了7只短期融资券的主承销商。7只短期融资券分别为3个月、6个月、9个月、1年四个期限品种。

截至2005年末，共有58家企业发行了76期短期融资券，累计发行总面额1392.5亿元。发行主体既有中国联通、中国电信、神华集团等大型国有骨干企业，也有民营企业，体现了短期融资券市场的开放性。短期融资券市场呈现持续、快速和健康发展的良好态势。短期融资券受到企业和投资人普遍认可，短期融资券市场供求两旺的事实证明，企业直接融资市场急需加快发展。

在银行间债券市场引入短期融资券是我国融资方式的重大突破，是金融市场建设的重要举措，有利于改善股票市场与公司债券市场发展的不平衡，有利于改善政府债券市场与非政府债券市场发展的不平衡，有利于资本市场与货币市场的协调发展。

2. 债券买断式回购

"回购"（repo）是"出售及购回交易"（Sale and Repurchase Agreement）的简称。它通常由两笔相关联的交易（购买或出售一种证券及其后一笔相反的交易）组成。

我国银行间债券市场于1997年推出了质押式回购交易，质押式回购是指在交易中买卖双方按照约定的利率和期限达成资金拆借协议，由资金融入方提供一定的债券作为质押获得资金，并于到期日向资金融出方支付本金及相应利息。质押式回购已成为银行间债券市场最主要的交易工具，2005年年交易量达到15.7万亿元，为金融机构的短期资金融通提供了一条很好的途径。质押式回购交易量的快速增长在为市场参与者提供融资便利的同时也带来了一些问题：一是质押式回购占用了大量的现券资源，不利于市场流动性的进一步提高；二是质押式回购抑制了结算代理业务的进一步发展。

为解决回购债券的二次利用问题，提高市场流动性，推动结算代理业务的发展，人民银行借鉴成熟债券市场的回购模式，结合银行间债券市场的实际，于2004年4月12日发布了《全国银行间债券市场债券买断式回购业务管理规定》（中国人民银行令［2004］第1号），在质押式回购的基础上推出了债券买断式回购。债券买断式回购是指债券持有人（正回购方）将债券卖给债券购买方（逆回购方）的同时，交易双方约定在未来某一日期，正回购方再以约定价格从逆回购方买回相等数量同种债券的交易行为。与质押式回购相比，买断式回购的首期和到期交易均采用买断的形式，回购期间债券所有权转移到逆回购方，而非在正回购方账户冻结，逆回购方对这部分债券具有完全支配权，这是两者的根本区别。

债券买断式回购主要功能包括以下几个方面：一是债券买断式回购在保留融资功能的同时，兼具了融券（资金与债券的等值交换）的功能，这在一定程度上弥补了银行间债券市场长期缺乏融券机制和做空机制的不足，给市场参与者提供了较大的投资运作空间；二是债券买断式回购形式上表现为即期与远期交易的组合，将其与现券买卖适当结合，就可实现债券远期的功能；三是债券买断式回购引入的做空机制也进一步完善了现券市场价格的形成机制，推进了债券价格和利率期限结构趋向合理。

债券买断式回购市场总体平稳运行。截至2005年底，具备参与银行间债券市场买断式回购交易资格（即签署了债券买断式回购主协议）的市场成员达到了514家，2005年债券买断式回购累计成交222.8亿元。市场参与者对债券买断式回购功能的认识逐渐深入，对利用这一工具进行资产管理的能力也不断增强，为真正的金融衍生品推出创造了条件。

（二）债券市场创新

1. 商业银行次级债券

近年来，随着我国国有商业银行改革不断推进，商业银行的资产状况不断改善，内控机制不断完善，风险管理水平不断提高。但总体上看，由于资本充足率偏低，我国商业银行经营水平难以进一步提高，既不利于银行体系的健康运行，也不利于国民经济持续、快速和健康发展。从国外金融实践来看，通过发行次级债券补充附属资本，是商业银行提高资本充足率的有效方式。

2004年6月17日，中国人民银行和中国银监会联合发布了《商业银行次级债券发行管理办法》，为商业银行发行次级债券补充附属资本建立了规则框架。办法推出后，中国银行、建设银行、工商银行、兴业银行、民生银行等商业银行先后发行了多期次级债券，截至2005年底，商业银行次级债券发行总量累计达1515.1亿元。

商业银行次级债券的发行，对商业银行的经营管理和金融市场的进一步发展都具有积极的意义。一是拓宽了商业银行资本筹集渠道，解决了其资本金不足的问题，为推进国有商业银行股份制改造创造了条件；二是丰富了债券市场层次，增加了可交易的债券品种；三是发行次级债券的商业银行必须定期向市场公布其经营状况，并接受债券评级，加强了对商业银行的市场约束，提高了监管效率。

2. 金融债券

商业银行次级债券的推出，虽然部分地拓展了商业银行的融资渠道，但是我国金融机构仍然缺乏主动负债工具，负债管理能力偏弱，商业银行等存款类金融机构还存在一定的资产负债期限结构不匹配的情况，这在相当程度上制约了金融机构的经营主动性和抗风险能力。

为有效解决这一问题，中国人民银行于2005年4月27日发布了《全国银行间债券市场金融债券发行管理办法》，对金融机构在全国银行间债券市场发行金融债券加以规范。截至2005年底，上海浦东发展银行等已发行了270亿元的金融债券。

一般性金融债券的发行对我国金融发展具有重要的意义。一是拓宽了金融机构直接融资渠道，弥补了其缺乏主动负债工具的缺陷，为解决其长期存在的资产负债期限结构错配问题起到了积极作用；二是财务公司等金融机构发行金融债券为集团融资，有利于拓宽直接融资渠道，优化社会融资结构；三是发行金融债券有利于丰富市场信用层次，增加了投资工具的种类，进一步提高了市场效率。

3. 国际开发机构境内人民币债券

从2002年开始，国际金融公司等国际开发机构就寻求在中国境内发行人民币债券筹资，满足其贷款需求。2004年初，人民银行会同财政部、发改委、证监会和外汇管理局建立了联系机制，对国际开发机构发行人民币债券进行了研究。

2005年2月18日，人民银行、财政部、发改委和证监会联合发布了《国际开发机构人民币债券发行管理暂行办法》，规范国际开发机构发行人民币债券的行为，明确了政府部门之间的职能分工与具体的管理方式。2005年10月14日，国际金融公司和亚洲开发银行在全国银行间债券市场分别发行了人民币债券11.3亿元和10亿元。

国际开发机构在中国境内发行人民币债券是中国债券市场首次引入外资机构发行主体，是中国债券市场对外开放的重要举措和有益尝试，对中国金融市场的发展以及对外开放具有重要意义。一是可以带来国际上债券发行的先进经验和管理技术，有利于推动中国债券市场发展；二是有利于促进中国债券市场的对外开放；三是有利于降低国内贷款企业汇率风险，提高资金使用效率。

4. 资产证券化试点

资产证券化是指将能够产生稳定现金流的一部分资产，打包建立一个资产池，并以其将来产生的现金收益为偿付基础发行证券。资产支持证券是一种受益凭证，购买受益凭证的投资人实际是投资于未来有稳定现金流的资产。

近年来，我国商业银行资产长期化、负债短期化趋势明显，产生了一定的存贷期限不匹配问题，可能引发流动性风险和利率风险。通过资产证券化，商业银行可以把信贷资产转换成高度流动性、可交易流通的标准化证券，从而盘活资产，提高资产流动性，增强商业银行管理流动性风险和利率风险的主动性。

资产证券化试点工作是在国务院领导下，由人民银行等多个部门积极工作促成的。2004年，人民银行认真研究了特定目的信托、证券发行、信息披露等资产证券化中的重要问题。2005年3月，在国务院直接领导下，人民银行、发改委、财政部、劳动保障部、建设部、税务总局、国务院法制办、银监会、证监会、保监会等十部门共同组成了信贷资产证券化业务试点工作协调小组，具体组织和协调信贷资产证券化的试点工作，对会计、税收、投资等多方面的配套政策进行了认真的研究和讨论。

2005年4月20日，人民银行和银监会联合发布了《信贷资产证券化试点管理办法》，对资产证券化所涉及的一系列问题进行了规范。2005年12月15日，国家开发银行和中国建设银行在银行间市场上成功发行了41.77亿元信贷资产支持证券和30.17亿元的住房抵押贷款支持证券。

开展信贷资产证券化对我国发展金融市场、维护金融稳定、应对金融开放的挑战具有重要的现实意义。一是有助于改善银行业信贷结构不匹配的状况，提高银行资产的流动性，加速信贷资金周转；二是有助于提高商业银行资本充足率；三是有助于分散信贷风险；四是有助于发展资本市场，为市场提供流动性较高、风险较低、收益较稳定的证券品种。

5. 债券远期交易

随着我国债券市场的不断发展，市场交易工具的供给与需求间的矛盾也日渐突出，特别是具有避险功能的金融衍生产品极度匮乏，金融衍生产品发展的滞后，不利于防范和化解债券市场风险，不利于维护金融稳定，也日渐成为制约债券市场发展的瓶颈。首先，避险工具的匮乏，使得债券市场日益暴露在逐步显现的利率风险之中。其次，在我国债券市场相关制度逐步完善的过程中，金融衍生工具的匮乏，也不利于债券市场的发展。

债券远期交易是交易双方约定在未来某一日期，以约定价格和数量买卖标的债券的金融合约，是债券市场运用较为普遍的规避利率风险的金融衍生工具。2005年5月16日，人民银行发布了《全国银行间债券市场债券远期交易管理规定》，随后《中国人民银行关于印发〈全国银行间债券市场债券远期交易主协议〉的通知》、《中国人民银行关于全国银行间债券市场债券远期交易信息披露和风险监测有关事项的通知》、《全国银行间债券市场债券远期交易规则》、《全国银行间债券市场债券远期交易结算业务规则》等不同层级的规章制度及行业自律性质的文本，明确了债券远期交易的政策框架、违约情形和违约处理及债券远期交易、结算和信息披露的管理办法。

债券远期交易的推出是我国金融市场发展的重要里程碑，它标志着我国金融衍生产品市场开始起步。截至2005年12月末，共有216家市场成员签署了债券远期交易主协议。银行间债券市场共达成债券远期交易108笔，交易金额达到177.99亿元。债券远期市场运行平稳，信息披露与风险控制得当。

债券远期交易作为我国最先推出的金融衍生工具，其规避债券市场风险、完善市场价格发现的功能的逐步发挥，对维护金融稳定、促进债券现货市场发展以及中央银行制定和执行货币政策等都具有重要意义。

（三）股票市场创新

1. 交易所交易基金（Exchange Traded Funds，ETF）

中国证券市场经过十多年的高速发展,取得了令人瞩目的成就,但产品单一已成为市场发展的瓶颈。机构投资者对新产品的呼声越来越高，产品创新已经成为进一步发展中国证券市场的当务之急。交易所交易基金的发展在我国具有广阔的市场前景，不仅有助于吸引保险公司、QFII等机构和个人储蓄进入股市，提高直接融资比例，而且能够有效活跃证券市场交易。

交易所交易基金是一种可在交易所进行买卖的基金，代表一篮子股票的所有权，通常基于某一指数进行完全被动式管理，兼具股票和指数基金的特色，所以也称之为指数股票或指数存托凭证。交易所交易基金的特点主要包括四个方面：一是兼具了开放式和封闭式基金的特点，既可以上市交易，又可以申购赎回；二是交易所交易基金与指数挂钩，必须建立在较为完善的指数体系基础上；三是独特的一篮子股票申购赎回机制；四是交易所交易基金净值与其二级市场之间的套利机制。

2005年2月23日，我国证券市场首只交易所交易基金产品——上证50ETF在上海证券交易所上市。交易所交易基金的推出是进一步丰富证券投资品种的一项实质性举措,也是上海证券交易所多年来致力于金融产品创新取得的又一个重大进展。上证50ETF结合了国内市场的制度特点和技术优势，在境外同类产品的基础上进行了较大发展和完善,上市以来产品运作平稳，交投活跃，市场反响积极。作为国内首只交易所交易基金产品，上证50ETF以其流动性好、折溢价低等优点逐步获得了各类投资者的认同，基金规模和市场影响力都迅速增长。自上市以来，基金规模从发行时的54亿份迅速增长，曾一度突破100亿份，至2005年12月30日，基金总份额为81亿份。目前，交易所交易基金已经成为很多基金管理公司重点推出的产品。

发展交易所交易基金对于我国证券市场具有重要意义。首先，发展交易所交易基金能够增加交易品种，完善证券交易所的产品结构，有利于长期投资理念的形成与发展，也是顺利实施QFII制度的需要；其次，开设交易所交易基金交易产品，可以降低我国证券市场的波动幅度。由于交易所交易基金具有双重交易结构，其赎回时得到的是股票不是现金，因此，对市场的直接冲击较小，能避免股市受到大量抛压的重创；再次，发展交易所交易基金有利于丰富投资者的投资品种，为投资者提供更多的投资渠道和避险工具；最后，发展交易所交易基金有利于推动我国金融市场创新，尤其在推动证券市场股指期货、指数期权等方面的产品创新具有一定作用。

2. 权证产品

权证是国外证券市场发展较为成熟的一种金融品种，已经成为全球证券市场中除股票、债券之外的第三大投资品种。权证包含内在价值和时间价值，具有价格发现和风险管理的功能,它是一种风险管理和资源配置的有效工具。权证，是指标的证券发行人或其以外的第三人发行的，约定持有人在规定期间内或特定到期日，有权按约定价格向发行人购买或出售标的证券，或以现金结算方式收取结算差价的有价证券。2005年7月，上海证券交易所、深圳证券交易所分别制定了《权证管理暂行办法》，科学设计了权证业务方案，规范了操作流程，全面完成了技术系统改造，加大了市场宣传推介力度，强化了风险警示。

2005年8月22日，宝钢权证上市，标志着权证产品时隔9年后重回市场，此后有包括沪市的武钢认股权证在内的6只认购权证和认沽权证产品等权证产品先后上市。权证交易采用了T+0交易方式，沪深证券交易所还推出了权证创设制度，权证交易异常活跃，日交易量一度超过了1400余只股票交易量。2005年，沪市权证合计成交量为1763.07亿元，日均成交19.59亿元，深市权证合计成交量为425.46亿元。权证推出后，市场交易活跃，投资者参与热情较高。

权证产品的推出，对于我国证券市场的发展具有重要的意义：一是丰富了我国的金融衍生产品市场；二是为解决股权分置问题提供了金融工具；三是活跃了市场交易，增强了证券市场的流动性，促进了证券市场功能的发挥；四是为投资者提供了理财避险工具，丰富了投资者的选择。

（四）外汇市场创新

配合人民币汇率形成机制的改革，2005年我国外汇市场改革力度加大，市场创新相继推出，市场参与者不断增多，运行架构和市场功能不断完善，并取得了快速的发展。

从外汇市场产品来看，截至2004年底，我国银行间外汇市场只有四种即期人民币对外币交易产品：美元对人民币、港币对人民币、日元对人民币、欧元对人民币；从交易方式来看，银行间市场采用集中撮合的交易方式。

2005年7月21日，中国人民银行发布《关于完善人民币汇率形成机制改革的公告》，决定自2005年7月21日起，我国开始实行以市场供求为基础、参考一篮子货币进行调节、有管理的浮动汇率制度。人民币汇率不再盯住单一美元，而是参考一篮子货币和市场供求关系浮动。

人民币汇率形成机制改革，有利于增加人民币汇率的弹性，提高人民币汇率形成的市场化程度。同时我国外汇市场人民币汇率波动的幅度也有所加大，外汇市场主体对市场风险管理的功能要求逐步提高。为增强经济主体适应和应对汇率变动的能力，推动我国外汇市场发展，中国人民银行积极推动外汇市场产品创新，不断丰富外汇市场交易品种和交易方式，满足不同市场主体的不同交易需求和风险管理需要。

1. 人民币对外币远期业务

2005年8月2日，中国人民银行发布《关于扩大外汇指定银行对客户远期结售汇业务和开办人民币与外币掉期业务有关问题的通知》，扩大了人民币对外币远期业务主体，允许开办远期结售汇业务六个月以上的银行对客户办理不涉及利率互换的人民币与外币掉期业务。

2005年8月8日，中国人民银行发布《关于加快发展外汇市场有关问题的通知》，允许符合条件的银行间外汇市场参与主体开展银行间远期外汇交易。

2. 银行间外汇市场外币间买卖业务

2005年5月18日，在银行间外汇市场推出了银行间外币对外币买卖业务，建立了境内金融机构参与国际市场外汇交易的直接通道，为其外币与外币的交易和清算提供了便利，降低了其外汇资产币种转换的成本，加快了转换速度。现阶段共推出欧元/美元、澳元/美元、英镑/美元、美元/日元、美元/加拿大元、美元/瑞士法郎、美元/港元和欧元/日元的买卖业务。

外汇市场产品创新为市场主体提供了管理汇率风险的工具，培育了市场主体进行风险定价和风险规避的能力，增强了经济主体自身适应汇率浮动和应对汇率变动的能力，促进人民币汇率的价格发现并有效配置外汇资源，为今后发展各种其他的外汇衍生工具创造了条件，对于活跃金融市场特别是外汇市场具有重要意义。

（五）黄金市场创新

1．黄金延期交收品种［Au（T+D）］

我国黄金市场运行框架已基本构建，发挥了市场对黄金资源配置和调节的基础性作用，促进了我国黄金生产、流通、消费的健康有序发展。但是，在培育创新市场、开发交易品种等方面，我国黄金市场还处在探索阶段。如何为生产经营企业提供分散风险的避险工具，拓宽投资者的投资理财渠道，进一步增添黄金市场的活力来调动广大投资者的积极性，已经成为制约黄金市场发展的制约因素。

2004年5月，上海黄金交易所推出了黄金延期交收品种［Au（T+D）］，以保证金交易方式进行交易，交易者可以选择合约成交当日进行实物交收，也可以延期至下一个交易日进行实物交收。黄金延期交收品种的主要特点有：一是交收可以自由选择，比较灵活便捷。二是引进了中立仓机制，活跃了市场，平抑了供求矛盾。三是满足市场避险保值和投资需求。四是引进了补偿费制度进行调控。2005年黄金延期交收品种的成交量为161.89吨，占上海黄金交易所黄金成交总量的17.86%。

黄金延期交收品种在一定程度上满足了市场的避险保值和投资需求，是对现货交易制度的积极探索和尝试，是介于现货交易方式和期货交易方式之间的一种过渡性产品。黄金延期交收品种的推出，使黄金市场从商品交易向金融交易迈出了积极的一步，推进了我国黄金衍生产品市场的发展，拓展了我国黄金市场的广度和深度。

2. 个人黄金投资业务

2005年7月，上海黄金交易所与工商银行合作推出了“金行家”个人黄金投资业务，标志着我国个人投资者可以直接投资于上海黄金交易所黄金市场。“金行家”个人黄金投资业务是指将工商银行的客户服务系统与上海黄金交易所的交易平台实现互联，实时向公众发布市场行情，工商银行通过网上银行、电话银行等渠道接受个人报价委托，代理个人进行黄金投资交易业务。截至2005年底，“金行家”个人投资业务产品开户数达到1534户，交易量达1749.05公斤，满足了投资者多种投资组合的需要，丰富了投资渠道。

个人黄金投资业务运作的主要特点是：一是价格形成机制透明公开，通过“竞价方式”形成价格，买卖成交结果透明、公平。二是运作起点比较高，只实行实盘交易，避免了做空和保证金交易方式的杠杆放大的炒作风险。三是商业银行经营风险较小，个人黄金投资业务作为银行的代理业务，直接在交易所系统上进行买卖，减少了商业银行中间平盘对冲的环节，商业银行运作风险相对较小。

推出个人黄金买卖业务丰富了投资者的选择，有利于推动我国黄金市场实现从商品交易为主向金融交易为主的转变，有利于扩大我国黄金市场的辐射面和影响力，促进国内黄金市场的进一步发展。

（六）保险产品创新

2005年，在保险业竞争日趋激烈、保险产品审批逐步实行备案制以及灾害发生频率加大的形势下，我国保险市场产品创新步伐不断加快。我国保险市场主体不断增加，外资保险公司纷纷涌入，市场竞争日趋激烈，保险公司只有通过不断的产品创新才能获得竞争优势。同时，为适应保险市场的发展，推动保险产品创新，中国保监会按照《行政许可法》的要求，逐步放松对新产品的限制，实行了保险产品准入的备案制度，激发了保险公司产品创新的热情。另外，我国自然灾害时有发生，对经济发展和人民生活造成了一定的损失和影响，也给国家财政带来了沉重的负担，为顺应保险客户需求，各种意外险、巨灾险、农业险应运而生，已成为保险业新的经济增长点。

1. 财产保险产品创新

一是家庭财产保险投资型产品创新。新型家庭财产保险投资型产品兼备保障与投资功能，集保障性、储蓄性、投资性于一身。其特征如下：第一，保险保障范围大大拓展，逐步将一些新兴商品和收藏品如手提电脑、手机、古玩收藏品、高级时装等以及其他特约财产都列入可保范围。第二，保额成倍提高，过去家庭财产保险定额保单的最高额不超过１０万元，而新推出的家庭财产保险不仅将这一最高额提高到二三十万元，有的甚至取消了上限，完全以家庭所拥有的财产估值。第三，投资性能增强，客户资金保值增值潜力提升。

二是责任保险创新。随着人们法律意识的增强，各种索赔案件不断增多，各保险公司顺势而为，不断推出具有针对性的责任保险，为索赔案件中各种纠纷的解决提供了较为有效的经济补偿机制。如为了保障医患双方的利益，财产保险公司推出医疗责任保险，承担医院因医疗事故或差错对病人的经济赔偿责任，不仅有利于减少医患纠纷，弥补病人损失，更为医院提供了保障，有利于医院保持经营的稳定和正常的营业秩序。

三是农业保险创新。近几年来，财产保险公司充分发挥商业保险在风险防范、资金管理和网络服务方面的优势，在黑龙江、宁夏、内蒙古、河北、浙江等地开展了政策性农业保险的试点工作，在稳定农民基本生活水平、提高灾后恢复再生产能力和农业防灾减灾等方面都发挥了积极的作用。

2. 人身保险产品创新

一是投资类产品创新。投资类人身保险产品主要包括投资连结型保险、万能保险和分红保险，虽然各投资类人身保险产品提供保险保障程度各不相同，投资账户、额度以及运行等方面也存在差异，但都无一例外地满足了投保人在投资方面的要求。近年来，各类投资类人身保险产品呈现出不同的发展状况，投资连结型产品在经历了初期的“火暴”后已经进入理性回归期，万能保险产品在市场上一直保持着平稳发展态势，分红保险产品发展迅速，成为目前各保险公司保费的主要来源。

二是年金产品创新。近年来，随着我国人口老龄化问题日益严重，养老和医疗保障问题日益突出，保险市场上年金类产品得到逐步发展，由原来主要面对团体客户的固定利率定额或增额年金产品逐步发展到个人年金产品甚至附加投资功能的年金产品。年金产品的出现，在一定程度上满足了消费者在养老保障方面的需求，在市场上受到广泛欢迎，成为保险市场上重要的险种之一。

三是综合类保险产品创新。这类保险产品创新常常集多种保障功能于一体（综合类），或者将相关保险产品打包组合，形成各种保险“套餐”（组合类）。这种产品创新的实质是一种集成和复合式组合创新模式，特别是大量组合类产品，其本身可能并非真正意义上的保险产品创新，而更是一种市场营销策略，通过保险建议书为客户设计组合一套科学、系统和完整的风险保障方案，提供包括风险评估、保障组合、售后服务等内容的服务。

保险市场的产品创新，不仅推动了保险市场的平稳、健康运行，促进了保险市场的结构优化，而且在加强社会保障、促进社会管理等方面发挥了积极作用，保险功能得到不断发展和丰富，更好地服务于我国经济和社会发展的全局。

二、金融市场制度建设

完善的市场制度是金融市场长期发展和不断创新的基础与保障。规范的发行制度、信息披露制度、信用评级制度有助于提高市场透明度，规范市场运作，完善市场的激励约束机制。做市商制度可以提高市场流动性，增强市场配置资源的能力。公司债券引入银行间债券市场，则使公司债券市场进入依托场外市场和合格机构投资者的发展轨道。投资者保护制度建设对于保护投资者利益，维护投资者信心，提高金融市场功能具有重要意义。股权分置改革解决了股市发展的历史遗留问题，为股市的进一步发展提供了制度保障。

（一）引入备案制，逐步放松发行管制

世界各国的证券发行制度都有本国特色，并不存在统一的模式。综观世界各国的发行监管制度设计，大体有两种倾向：一种是实质审核主义（Substantive Regulation Philosophy），即证券监管机关不仅对发行申请材料进行形式审查，而且对发行人的财力、素质及发展前景做出判断，对发行证券品质进行实质审核；另一种是完全信息披露主义（Full Disclosure Philosophy），即证券监管机关只对申请材料进行形式审核，要求发行人真实、准确、完整地进行信息披露，不对发行人及其发行的证券作价值判断。体现实质审核的发行制度是核准制，即发行人的发行权由审核机构以法定方式授予；体现完全信息披露的发行制度是注册制，即发行人提交申请材料后，经过法定期间，监管机关若无异议，则申请自动生效，发行人的发行权无须由国家授予。

我国金融市场上绝大多数证券发行实行核准制。这种制度安排在市场发展初期、投资者以自然人为主的市场上发挥了积极作用。但是，核准制在赋予监管机关更大权力的同时，也使监管机关承担了更加沉重的责任。随着机构投资者群体兴起、金融产品创新加快，需要逐步放松发行管制。

2005年，在银行债券市场中，短期融资券实行备案发行，是我国债券发行方式上首次引入备案制。备案制不是行政审批，监管机关不对发行人进行实质判断，弱化了证券发行的行政干预，证券风险由机构投资者自行识别、自行承担；备案制也不同于美国证券市场的搁架注册制(Shelf-registration)，监管机关对于不符合国家宏观调控政策、达不到信息披露要求的备案申请有否决权。发行备案制是在机构投资者市场进行的减少发行管制的探索。

备案发行制度实施以来，短期融资券市场保持了持续、快速、健康的发展势头：在7个月时间内短期融资券市场规模接近1400亿元，发行主体多样化，发行利率出现差异，二级市场交易活跃，投资者开始关注发行人的信用风险和中介机构的专业服务，市场参与者有了更多的投资选择和资产组合工具。

由于备案发行制度中监管部门不对发行人进行实质判断，对发行人的实质判断责任分散到机构投资者、主承销商和专业中介机构，因此，要保持市场持续、健康的发展态势就必须逐步完善市场化的激励约束机制，实现基于市场选择的优胜劣汰。在实践的基础上，进一步规范主承销商遴选推荐发行人的机制，强化信用评级机构、律师事务所、会计师事务所等专业中介机构的作用都是完善备案发行制度的重要措施。

（二）探索金融市场的信息披露规范

政府对金融市场进行管制和干预，目的是要克服市场失灵，弥补市场机制在特定条件下难以有效配置资源的缺陷。在导致市场失灵的诸多因素中，信息不对称是金融市场中最为重要、最为普遍的因素，有的国家将信息披露监管视为证券市场监管的基石。多数国家金融市场监管的实践表明，以信息披露为核心的金融市场监管可以促进市场机制更好地发挥配置金融资源的作用，为投资者提供更加有效的保护，比强化监管机构实质审核权力的监管方式更加节约监管资源。

我国股票市场借鉴经济发达国家经验建立了信息披露监管制度：构建了以发行信息披露、持续信息披露、重大事项临时公告为主的信息披露框架，统一了信息披露的内容和格式要求，明确了虚假信息披露的法律责任和行政责任。《公司法》、《证券法》修订后，股票市场的信息披露制度进一步完善。

银行间市场建立以来，信息披露制度在探索中不断发展。与股票市场以自然人为主的投资者群体不同，银行间市场以合格机构投资者为主体，其信息披露制度要适应机构投资者群体的投资需要。

2002年10月开始，人民银行在同业拆借市场的部分非银行金融机构中进行统一信息披露规范的试点。初期主要选取了部分证券公司和财务公司，这两类机构当时是同业拆借市场的主要资金融入方，按照融资者承担信息披露义务的原则，证券公司和财务公司进行定期信息披露可以有效地减少信息不对称带来的市场风险。2003年，在总结前期试点经验的基础上，统一了同业拆借市场中证券公司的信息披露规范，扩大了财务公司信息披露试点的范围。上述试点工作对于建立银行间市场的信息披露制度进行了初步探索。

2004年，《商业银行次级债券发行管理办法》、《证券公司短期融资券管理办法》出台，进一步将信息披露明确为市场重要管理制度。《商业银行次级债券发行管理办法》对发行人在发行次级债券时应履行的信息披露义务和方式进行了规范，强调信息披露要充分、及时和有效。按照《证券公司短期融资券管理办法》，符合条件的证券公司可以在银行间市场向机构投资者发行期限不超过91天的短期融资券。符合发行短期融资券条件的证券公司都参加了2003年以来的信息披露试点，信息披露成为新金融产品发行的要件。《证券公司短期融资券管理办法》在继续要求证券公司持续信息披露的基础上，还增加了发行信息披露和重大事项临时公告的要求。

2005年，银行间市场信息披露制度建设取得显著进展。《全国银行间债券市场金融债券发行管理办法》、《信贷资产证券化试点管理办法》、《全国银行间债券市场债券远期交易管理规定》等多部规章中，都有专门章节对信息披露进行规范；与《短期融资券管理办法》配套出台的《短期融资券信息披露规程》，对短期融资券市场信息披露的内容、格式、实施程序、发布平台等方面进行了细化规定，在探索合格机构投资者市场信息披露规范方面进行了有益的尝试。

信息披露制度作为市场透明度建设的重要内容，其进一步完善需要与提高市场报价透明度、增强专业化中介机构信息揭示功能、强化一线监测机构风险预警作用等措施协调推进。

（三）建立信用评级制度，提高行业公信力

信用评级在金融市场上发挥着重要作用。有助于揭示投资风险、保护投资者利益。在信用评级业取得长足发展的国家，政府对评级市场准入及评级机构的认定都制定了详细的标准。良好的制度安排在提高信用评级市场需求的同时，平衡了信用评级业在原则、功能、效益、速度、规模之间的关系。只有在具备了良好的外部环境和内在动力的条件下，信用评级业才能在有序竞争下规范发展，才能发挥其信用风险度量、信用风险检测、信用风险预警、信用信息资源整合和利率市场化下的金融产品风险定价等方面的作用。

目前，信用评级业的发展成为我国金融市场发展和信用体系建设的重要内容。近年来，在我国信用评级市场初步发展的前提下，政府规范与培育信用评级行业的制度建设取得了较大进展：

一是确立了评级机构认可与评级结果使用制度。1997年中国人民银行认可了9家评级机构的企业债券资信评级资格。2003年国家发改委要求发债企业上报具有评级资格的评级机构出具的债券评级报告。此后，证监会也对信用评级以及评级机构提出了明确要求。2003年保监会要求保险公司投资的企业债券只能在AA级以上。2004年《货币市场基金暂行管理办法》中规定，货币市场基金不得投资于AAA级以下的企业债券。

二是要求发行商业信用债券进行信用评级。对面向市场公开发行的债券进行信用评级是债券市场保护债券投资人利益的重要措施。2004年以来，新推出的商业银行次级债、保险公司次级债务、金融债券、短期融资券、资产支持证券等新金融产品均要求信用评级机构进行信用评级。政府将信用评级作为债券发行的必要条件，推动了信用评级业务的开展，也使信用评级成为辅助金融监管的重要手段，促进了金融市场的健康有序发展。

金融市场的进一步发展要求信用评级制度尽快完善起来，通过规范评级机构严格遵循其向社会公开的评级程序和内控制度开展工作，确保评级结果的可信可靠，同时通过建立科学客观的评级质量评价体系，促进信用评级机构提高评级质量，逐步提高评级业的公信力。

（四）完善做市商制度，有效提升市场功能

做市商制度（Market Maker）是指在证券和外汇市场上具备一定实力和信誉度的经营法人，不断向交易者报出某些特定金融产品的买入价和卖出价，并随时准备按其报价接受买卖要求，承担维持市场流动性义务并享受规定权利的交易制度。经济发达国家的经验表明，做市商制度能有效地提高市场流动性，满足市场需求，是场外市场最重要的制度之一。

1999年，我国银行间债券市场开始尝试引入做市商制度，几家实力较强的商业银行在市场中试行双边报价。2000年，人民银行发布《全国银行间债券市场债券交易管理办法》，其中明确规定金融机构经人民银行批准可以成为双边报价商，开展双边报价业务。2001年3月，中国人民银行发布《关于规范和支持银行间债券市场双边报价业务有关问题的通知》，对成为双边报价商应具备的条件、双边报价商的权利和义务等进行了规定，确定了做市商制度的基本框架。2001年7月25日，中国人民银行发布《关于批准部分商业银行成为银行间债券市场双边报价商的通知》，正式批准工商银行等9家机构为银行间债券市场首批双边报价商，做市商制度开始实施。2002年，中国人民银行又先后发布了《关于调整双边报价商最大报价价差和最小报价金额的通知》、《中国人民银行与双边报价商融券业务操作规则》，对做市商制度进行规范和支持。2004年7月22日，中国人民银行发布了《关于批准招商银行等6家金融机构为银行间债券市场做市商的通知》，将做市商机构数量扩大到15家，并将以前沿用的“双边报价商”名称统一改称为“做市商”。

做市商制度实施4年以来，制度功能日渐显现，在引导市场理性报价、规范市场交易行为、活跃市场交易等方面发挥了较大作用。一是市场交易量连年倍增，2005年银行间债券市场现券成交量为6.34万亿元，是2001年的75倍。二是做市商成为稳定并活跃市场的核心力量，报价日趋活跃，报价券种逐渐增多，2005年报价券种交易量约占整个市场交易总量的4成。三是做市商发挥了重要的市场价格发现的作用，为银行间债券市场基准收益率曲线的形成提供了基础条件。

2006年1月4日，中国人民银行在银行间外汇市场引入场外交易方式的同时，推出做市商制度，为市场提供流动性。引入做市商制度，是我国进一步发展银行间外汇市场、完善人民币汇率形成机制的配套举措，有利于提高外汇市场流动性，培育金融

机构的做市能力，建立场外交易方式、撮合方式和银行柜台交易方式之间的价格传导机制，进一步完善人民币汇率形成机制。截至2005年底，有13家中外银行获准成为银行间即期外汇市场人民币交易做市商银行。

与发达市场做市商制度相比，我国银行间债券市场的做市商制度还存在做市商类型单一、数量较少、政策支持力度不够、考评机制缺位等问题，亟待进一步改进和完善。为了进一步完善做市商制度，还需要鼓励更多金融机构成为做市商并积极报价；理顺做市商与国债承销商、一级交易商之间的关系，加大对做市商的政策支持力度，提高其做市积极性；加强对做市商的考核，建立合理的考评机制和准入退出机制。

（五）依托场外市场，构筑完善的公司债券市场

近年来，我国公司债券规模有了一定增长，但企业融资渠道单一、过度依赖银行信贷资金的局面没有明显改善，公司债券市场发展仍严重滞后。2005年末，公司债券市场余额只占债券市场总余额的2.75%。大力推进我国公司债券市场，已成为增加直接融资，改善我国金融市场融资结构的迫切需要。2003年，党的十六届三中全会通过的《中共中央关于完善社会主义市场经济体制若干问题的决定》明确指出，要“扩大公司债券发行规模”。2004年，《国务院关于推进资本市场改革开放和稳定发展的若干意见》进一步提出了要积极稳妥发展债券市场，在严格控制风险的基础上，鼓励符合条件的企业通过发行公司债券筹集资金。

公司债券适合有较强市场分析和风险承受能力的机构投资者，并在以报价驱动为主要交易方式的场外市场进行交易。长期以来我国企业债券投资主体定位于个人和中小机构投资者，主要在交易所交易，最终导致企业债券发行管制过严、债券发行规模小、二级市场流动性低。因此，我国公司债券市场发展关键在于面向合格机构投资者，依托场外市场，建立由市场主导的创新机制。

为了推动公司债券市场发展，人民银行根据公司债券市场发展的一般规律，采取了一系列措施推动公司债券在银行间债券市场的交易流通。2004年12月，人民银行发布了《全国银行间债券市场债券交易流通审核规则》，并据此批准了7只企业债券进入银行间债券市场交易流通，改变了企业债券只在交易所上市，交易方式单一的状况。2005年12月，人民银行又发布《中国人民银行公告》（[2005]第30号），简化了公

司债券交易流通的审核程序，从事前审批改为备案制；允许所有银行间债券市场投资者投资公司债券，扩大债券投资主体范围，初步明确了公司债券做市商制度；引入强制信息披露和跟踪信用评级等配套制度，强化市场约束，提升市场透明度和定价能力。这些措施目的在于促使公司债券市场沿着以合格机构投资者为投资主体、场外市场为主要流通场所的轨道发展，推动公司债券市场快速健康发展。

《中国人民银行公告》发布后，截至2006年2月末，共有33只企业债券在银行间债券市场交易流通，规模总计为697.2亿元。进一步促进公司债券向纵深发展，还应继续完善公司债券担保、信用评级和信息披露等市场约束机制，支持公司债券在银行间债券市场面向机构投资者发行。

（六）保护投资者合法权益，维护投资者信心

从全球金融市场的发展历程来看，保护投资者利益,维护投资者信心，是培育和发展市场的重要一环。投资者尤其是中小投资者，由于信息不对称、持股或持有其他权益的比例小，相对于控股股东和管理层处于弱势。国际经验表明，一国或地区对投资者保护越好，金融市场就越发达,抵抗金融风险的能力就越强，对经济增长的促进作用也就越大。

近年来，随着我国社会主义市场经济体制建设的稳步推进，我国从多方面着手加强了以保护投资者利益为目标的制度建设，主要包括：

第一，建立和完善金融市场的准入和风险控制制度

一是完善金融市场基本法律制度。2005年10月，《公司法》和《证券法》经修订后颁布。两法的修订，拓宽了证券市场创新发展的法律空间，强化了证券监管机构的执法权限和手段，是推进资本市场改革和发展的一个重要制度性举措。两法进一步明确了公司股东、股东大会、董事会、监事会和经理的权利义务，首次在法律中明确了董事、监事和高级管理人员的忠实和勤勉义务，完善了相关会议制度、信息披露义务和法律诉讼机制。新修订的《公司法》第一次以法律的形式明确规定上市公司可以设立独立董事，赋予了独立董事法律地位。

二是建立以资本监管为核心的商业银行监管体系。2004年3月1日，《商业银行资本充足率管理办法》正式施行，资本监管成为商业银行审慎监管的核心内容。该办法

借鉴1988年巴塞尔资本协议和即将出台的巴塞尔新资本协议，从风险管理目标和政策、资本充足率计算的并表范围、资本、资本充足率、信用风险、市场风险五个方面细化了披露要求。

三是完善证券法律制度，加强证券公司风险监控和对投资者保护。新修订的《证券法》将证券公司风险监控作为重点之一，加强了证券公司的市场准入管理，规定投资设立证券公司的标准，规范证券公司的经营行为，从源头上防范和控制风险。另外，保证证券公司客户资产安全也得到进一步强化，截至2005年底，监管部门已要求所有的证券公司对客户交易结算资金实行独立存管或第三方存管，隔离管理，严禁任何机构或者个人以任何形式挪用客户交易结算资金以及客户资产。继续完善投资者保护制度，完善相关法律、法规，建立防范和化解金融风险的机制，保护投资者的合法权益，将进一步稳定投资者信心，培育风险意识，建立金融市场正向激励机制，为金融市场健康发展奠定基础。2005年7月1日，《证券投资者保护基金管理办法》正式施行，旨在对因证券公司非法动用客户保证金所造成的投资者资产损失，按市场原则进行公平补偿并处理破产证券公司的善后事宜。

四是完善期货市场的风险控制制度。为保护投资者利益，维护市场稳定，有关期货经纪公司的基础制度建设取得了较大的进展，期货经纪公司客户保证金安全存管试点工作在深圳等个别地区进行了试点。以净资本为核心的期货公司财务安全监控指标已进入了试点推广阶段。期货经纪公司的国际化进程开始启动，2005年12月，经中国证监会批准，荷兰银行取得银河期货经纪有限公司股东资格，银河期货成为中国内地第一家合资期货公司，标志着国内期货经纪公司的国际化迈出了坚实的一步。2005年初，期货经纪公司在上海期货交易所的最低结算准备金从50万元提高到200万元，以提高经纪期货公司的抗风险能力。

五是完善保险市场保单持有人的保护制度。2005年1月1日，《保险保障基金管理办法》正式实施。保险保障基金将对破产或被撤销的保险公司的保单持有人按照一定原则提供全额或部分救济，减少保单持有人的损失。

第二，严格查处各类侵犯投资者权益的案件

2004年以来，证券监管部门对证券公司违法违规行为进行了立案稽查、行政处罚

以及司法处理。一是关闭存在挪用客户交易结算资金、客户证券等违法违规问题的券商。二是加大了对占用上市公司资金的清理力度，重点解决大股东非经营性占用上市公司资金的问题，严格惩戒措施，切实落实清偿方案，严格控制"以股抵债"或者"以资抵债"实施条件。三是加强了对上市公司对外提供担保问题的监管，禁止发生新的违规担保行为。

银行业监管部门加强了对银行业案件的整治清理工作。制定了防范银行业操作风险的13条规章制度，应对市场风险的管理制度和严格的案件查防制度，从道德建设、制度安排、监控机制三个方面构筑立体式的案件查防体系，保护存款人和投资者的合法权益。

（七）推进股权分置改革，进一步完善和发展股票市场

股权分置是指上市公司的一部分股份上市流通，一部分股份暂不上市流通。截至2004年底，我国上市公司总股本7149亿股，其中非流通股份4543亿股，占上市公司总股本的64%，国有股份在非流通股份中占74%。股权分置是诸多历史原因形成的，在建设社会主义市场经济体制和推进资本市场改革开放的新形势下，股权分置扭曲了证券市场定价机制，使公司治理缺乏共同利益基础，不利于深化国有资产管理体制改革，不利于市场机制的充分发挥，制约了资本市场国际化进程和产品创新，逐渐成为完善资本市场基础制度的一个重大障碍，需要积极稳妥地加以解决。

2005年4月底，经国务院批准，中国证监会宣布正式启动股权分置改革试点工作。本次股权分置改革中，在"试点先行、稳步推进"的原则指导下，改革大体分为两个阶段，一是改革试点阶段，二是改革全面铺开阶段。2005年5月9日，证监会颁布《上市公司股权分置改革试点业务操作指引》，并公布首批4家试点公司名单，6月20日，证监会公布了第二批42家试点公司名单。第一、二批试点公司中，45家上市公司的股权分置改革解决方案均顺利通过，改革试点阶段结束。

8月23日，在总结改革试点阶段经验的基础上，证监会、国资委、财政部、人民银行、商务部五部委联合颁布了《关于上市公司股权分置改革的指导意见》，股权分置改革全面铺开。截至2005年末，除6家公司股改方案未获通过外，共有398家上市公

司相继完成股改或进入股改程序，完成股改或进入股改程序的公司市值约占两市总市值的40%。目前，股权分置改革仍在稳步推进过程中。

从短期市场反应来看，在股权分置改革期间，股指的变化充分反映了市场预期，经历了多次幅度较大的下跌反弹的波动过程后，截至2005年末，股指基本回到与4月底股权分置改革开始前持平的水平。

从长期来看，股权分置改革的完成，将解决多年来阻碍股票市场发展的一个制度性缺陷，从而对股票市场的发展起到非常积极的作用。主要体现在以下几个方面：一是有利于恢复资本市场的固有功能。解决股权分置问题，最终会形成上市公司股权的全流通，有利于恢复资本市场的固有功能，有利于上市公司的购并重组，会使价格发现功能、资源配置功能和对上市公司的市场约束功能充分发挥作用。二是有利于完善上市公司的公司治理机制。解决股权分置问题，将改变两类股东利益取向不一致的状况，使公司股价对大股东、管理层形成市场化的激励和约束，有助于巩固全体股东的共同利益基础，促进上市公司治理机制进一步完善。三是有利于形成稳定的市场预期。作为对市场价值评判和运行机制具有重要影响的制度性变革，解决股权分置问题有利于稳定市场预期，增强社会公众投资者的信心。四是有利于资本市场的金融创新和国际化进程。解决股权分置问题，将使我国股票市场的基本制度建设向着完全市场化的方向迈进，从而为市场的金融创新与国际化进程提供相对稳定、规范的市场环境。

从实际情况看，股权分置改革开始后，各批公司积极参与。同时也应看到，对于我国股票市场长期健康发展而言，基础还是在于上市公司基本面和市场运行机制的根本改善，提升上市公司质量、加强监管和违规惩罚等基本制度建设、建立与加强信息披露等市场约束机制、切实保护投资者利益等，仍然是完善我国股票市场主要的任务。

三、交易主体和中介机构的培育与发展

（一）货币市场基金

货币市场基金（Money Market Funds）是专门以货币市场工具为投资对象的基金。货币市场基金经历了两年多的发展，已经成为国内个人投资者和机构投资者重要的金融投资工具，成为我国基金业的重要组成部分和货币市场上的重要投资主体，推动了

我国基金业和货币市场的发展，扩大了我国货币市场的涵盖面和影响力。

2003年12月，华安基金管理公司、招商基金管理公司、博时基金管理公司同时推出了各自的货币市场基金，到2004年1月，三家货币市场基金合计募集基金额达151.82亿元； 2004年，货币市场基金发展平稳，当年底货币市场基金资产净值为633.27亿元；2005年是货币市场基金快速发展的一年，截至2005年底，货币市场基金资产净值达到了1858.45亿元。2005年底，我国基金资产净值达到4691.16亿元，比2004年底增长45%。其中，货币市场基金的增幅最大，净增1225.18亿元，占全年基金行业净值增加规模的85%，货币市场基金在基金总体规模中的占比从2004年的30%上升到了2005年的40%。

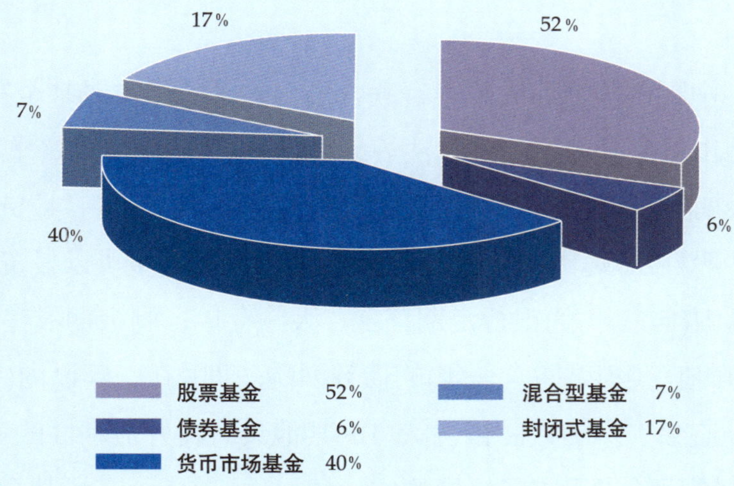

图3－1 各类基金资产情况分布图（截至2005年12月）

2005年货币市场基金迅速发展和壮大的原因主要有：一是货币市场基金具有较高的流动性和收益稳定性，2005年货币市场基金的平均收益率超过了2%，高于一年期定期存款利率；二是在股票市场面临较大调整的条件下，货币市场基金较好地发挥了沟通货币市场和资本市场的职能；三是货币市场基金发展两年多来，其运作规范、收益稳定的特点逐步为广大投资者所接受，货币市场基金成为获取安全收益的良好选择。

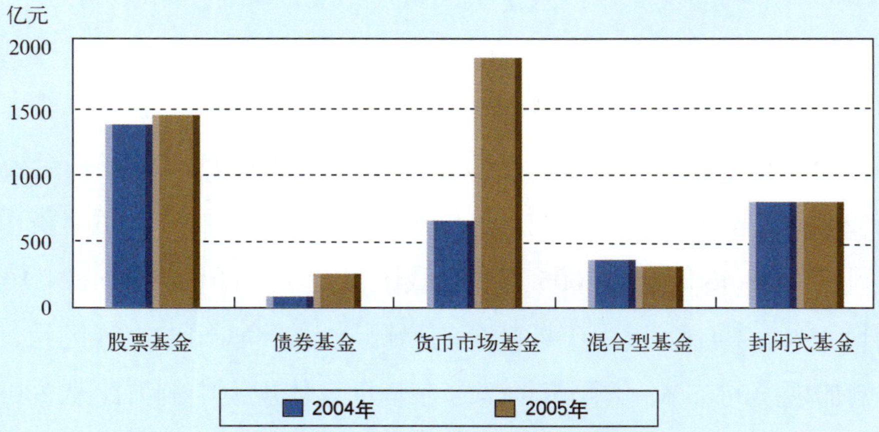

图3–2 各类基金的发展情况

2004年8月，中国证监会和人民银行联合出台的《货币市场基金管理暂行规定》是第一个规范货币市场基金发展的基本法规，它规定了货币市场基金的投资工具、投资组合要求、剩余期限要求、申购赎回和管理费用、估值标准等，是货币市场基金运作所必须遵循的一般性法规。根据该规定，我国货币市场基金可以投资的金融工具包括：现金；一年以内(含一年)的银行定期存款、大额存单；剩余期限在397天以内(含397天)的债券；期限在一年以内(含一年)的债券回购；期限在一年以内(含一年)的中央银行票据；中国证监会、中国人民银行认可的其他具有良好流动性的货币市场工具。根据这一规定和我国目前货币市场发展的实际情况，目前货币市场基金的主要投资品种包括：同业存款、债券回购（包括质押式回购和买断式回购）、剩余期限在397天以内的债券（包括国债、政策性金融债券、商业银行次级债券）、中央银行票据、短期融资券等。短期融资券产品的推出，大大丰富了货币市场基金的投资工具，提高了货币市场基金的获利能力，对货币市场基金的发展具有重要意义。

货币市场基金发展和运行一段时间后，为规范货币市场基金的运作，防范货币市场基金运作过程中可能存在的市场风险，2005年4月1日证监会出台了《关于货币市场基金投资等相关问题的通知》和《货币市场基金信息披露特别规定》。这些办法有助于货币市场基金的规范和有序发展。

货币市场基金的发展，增加了社会资金的投资渠道，有利于基金管理公司拓展业务领域和分散业务风险，提高了基金行业的整体风险承受能力，推进了货币市场的发展。

（二）证券市场机构投资者

机构投资者的发展，有利于金融市场的稳定、协调和长远发展，是完善我国金融体系和社会主义市场经济体制的客观要求。近年来，证券投资基金、合格境外机构投资者（QFII）、社保基金、保险资金和企业年金等证券市场上重要的机构投资者日益壮大。

一是证券投资基金持续发展。基金投资范围得到拓展，基金投资于权证、短期融资券和银行存款等问题已有明确规定；基金销售渠道进一步拓宽，实现了运用沪、深证券交易所的交易网络系统开展基金的申购、赎回业务。

二是QFII试点工作稳步推进。2005年新增QFII机构5家，新增外汇投资额度14.95亿美元。为进一步吸引QFII投资于国内资本市场，中国证监会与国家外汇管理局进一步完善了QFII审批体制、降低境外长期资金投资境内市场的锁定期管理。

三是社保基金、保险资金和企业年金等机构投资者加快了进入证券市场的步伐。促进社保基金、保险资金、企业年金及其他养老金入市，初步改变了我国资本市场中各类机构投资者发展不平衡的问题。人民银行、证监会、保监会、劳动和社会保障部等相关部门积极促进保险资金稳定入市，加快企业年金入市进程，并推动基本养老金个人账户的做实工作和投资体系的建设工作。

截至2005年末，共有218只证券投资基金正式运作，净值总额合计4691.16亿元，基金份额规模合计4714.86亿份。2005年基金净值总额增加了1444.76亿元，增长比例为44.50%。批准QFII机构32家，批准外汇投资额度54.95亿美元。截至2005年10月底，QFII共持有证券资产285亿元人民币，占总资产的90%。其中，持有股票169亿元，占总资产的53%；持有基金44亿元，占总资产的14%。截至2005年底，全国社保基金持有股票资产市值205.2亿元，入市规模较2004年底增长了65%。保险资金已间接入市1060亿元，比2004年底增长了57%；直接入市金额已达135.7亿元。企业年金入市工作已进入实质性操作阶段。

机构投资者的发展正面临新的历史机遇。随着我国金融市场的不断发展，金融市场内在运行机制将更趋完善，市场功能将更加健全，将为机构投资者的进一步发展提供更活跃的市场基础和更广阔的市场空间。同时，机构投资者的发展将有利于改善储蓄—投资的转化机制与效率，有利于促进不同金融市场之间的有机结合与协调发展，有利于分散金融市场风险。

（三）商业银行基金管理公司

商业银行基金管理公司是指由商业银行作为主要股东直接出资、经监管部门批准设立、从事基金管理业务的企业法人。我国的金融改革是由单一银行向市场化的多元银行体系过渡，要想在逐步降低间接融资比重的基础上，同时兼顾银行改革并切实提高商业银行竞争力，允许商业银行设立基金管理公司是比较现实可行的选择。支持商业银行吸收境外战略投资者等合格机构采取股权多元化方式设立基金管理公司，不仅顺应了金融业发展的潮流，而且有利于商业银行业务创新和多元化经营，分散金融风险，提高国际竞争力。

我国资本市场发展空间广阔，市场规模将不断扩大，交易品种也将更加丰富。资本市场的发展为商业银行设立基金管理公司创造了良好的市场条件和发展空间。同时，商业银行设立基金管理公司可以有效分流储蓄，为资本市场发展提供资金支持，促进资本市场的长期稳定发展。

人民银行、银监会和证监会在充分考虑到基金业发展状况、商业银行改革进程、监管协调和金融宏观调控等问题的基础上，对商业银行设立基金管理公司工作采取了先试点后推广的发展思路，通过制定试点办法，选择试点银行，积极稳妥地推进商业银行设立基金管理公司试点工作。中国人民银行、银监会、证监会于2005年2月20日联合公布并开始实施《商业银行设立基金管理公司试点管理办法》。该办法规定了商业银行基金管理公司的申请审批程序、业务范围、风险控制和监督管理等。为防止商业银行与其设立的基金管理公司之间产生不正当关联交易，该办法专门针对两者之间的经营、人员、投资、信息共享以及大额赎回时的融资便利、交叉托管等问题做出了规定，并明确银监会和证监会将依据该试点办法制定详细的关联交易实施细则，切实防范跨市场风险。

该试点办法颁布后，商业银行设立基金管理公司的试点工作随即展开。2005年，中国工商银行、中国建设银行以及交通银行作为主要股东发起设立的三家基金管理公司均已获准成立，三家基金管理公司发行的首只基金募集规模达到150亿份。

表3-1 商业银行基金管理公司情况（截至2005年底）

基金公司名称	发起银行	外方合资机构	股东情况	注册资本	首只基金募集时份额	成立时间
工银瑞信基金管理公司	中国工商银行股份有限公司	瑞士信贷第一波士顿	中国工商银行股份有限公司（55%）、瑞士信贷第一波士顿（25%）、中国远洋运输（集团）总公司（20%）	2亿元	43亿份	2005年8月26日
交银施罗德基金管理公司	交通银行股份有限公司	德国施罗德投资管理公司	交通银行（65%）、施罗德投资管理有限公司（30%）、中国国际集装箱海运(集团)股份有限公司（5%）	2亿元	48亿份	2005年9月29日
建信基金管理公司	中国建设银行股份有限公司	美国信安金融集团	中国建设银行股份有限公司(65%)、信安金融集团（25%）、华电集团（10%）	2亿元	62亿份	2005年12月1日

开展商业银行设立基金管理公司试点，是贯彻落实《国务院关于推进资本市场改革开放和稳定发展的若干意见》的重要举措，有利于促进资本市场长期稳定健康发展；有利于促进直接融资与间接融资协调发展；有利于稳步推进商业银行改革，保持金融整体稳定，优化资源配置。

（四）保险资产管理公司

保险业务和资产管理业务是现代保险业中相辅相成的两大主导业务，其中资产管理业务更是日益成为保险业健康发展的重要基础。近年来，随着我国保险业快速发展，保险公司可运用资金规模迅速扩大，内设投资部门的管理形式越来越不适应保险资产管理发展的需要，专业化的保险资产管理机构模式更能满足现代保险业投资专业化的要求。

国际经验表明，保险资产管理模式大体可分为外部委托投资、公司内设投资部门和设立专业化保险资产管理机构三种。专业化的保险资产管理公司可根据保险资产管理的实际需要，从市场研究、投资决策、业务操作、风险控制等诸方面对保险资金实行规范化的管理和风险控制。统计资料显示，当今世界最大的34家股份制保险公司中，有27家公司采用了专业化保险资产管理机构的模式。

2003年6月，中国保监会批准中国人民保险公司设立中国人保资产管理公司，成为国内成立的首家保险资产管理公司，标志着我国保险资金运用管理体制进入一个新阶段。为了加强对保险资产管理公司的监督管理，防范保险资金运用风险，保护保险公司和保险资产管理公司的合法权益，2004年4月21日，中国保监会发布了《保险资产管理公司管理暂行规定》，严格规定了保险资产管理公司的投资身份和比例限制，界定了业务范围和定位，明确了和控股母公司的利益分配方式，确立了保监会的监管主体地位，为保险资产管理公司的规范运作奠定了良好的法制基础。

2004年6月，由中国人寿保险（集团）公司和中国人寿保险股份有限公司共同出资设立的全国最大的保险资产管理公司——中国人寿资产管理公司正式成立，截至2005年底，管理资金规模超过了6000亿元。进入2005年，华泰保险资产管理公司、中国再保险资产管理公司等相继成立，另有太平保险资产管理公司、太平洋保险资产管理公司等相继获批筹建。至2005年底，已成立或批准筹建9家保险资产管理公司，保险资产管理公司管理的保险资产占全部保险资产总额的80%。

设立保险资产管理公司，是保险资产管理体制的重大改革，是保险资产管理业务走向专业化、国际化的重要举措。保险资产管理公司的设立，极大地推动了保险资产管理业务的发展，有利于保险机构提高投资收益水平，培育保险资产管理核心竞争力；有利于增强保险公司的风险管控能力，更加有效地防范金融风险。

（五）银行间外汇市场交易主体

我国现在的银行间外汇市场是1994年建立起来的，统一的银行间外汇市场的建立，根本改变了原来市场分割，价格不统一的局面，同时确立了以市场供求为基础的、单一的、有管理的浮动汇率制度。但是，与国际上成熟发达的外汇市场相比，我国外汇市场的发展尚不充分，突出表现在我国外汇市场深度和广度有限，市场主体较为单一。我国银行间外汇市场成员中外汇指定银行的比例超过95%，非银行金融机构和其他形式的市场参与者很少，交易过于集中。四大国有商业银行的交易量占银行间外汇市场交易的95%以上。在银行间外汇市场的300多家会员中，只有少数几家银行占据高度垄断地位，交易行为具有趋同性和集中性的特点，交易主体的单一和交易量在交易主体中的分布过于集中，由此导致市场交易规模较小，交易不活跃。2005年7月21日，人民币汇率形成机制改革后，市场参与主体局限性的问题显得更为突出，银行间外汇市场难以充分满足各个市场主体投资和避险的需求，不利于人民币汇率形成机制的有效运作。

为进一步完善人民币汇率形成机制，丰富我国外汇市场的交易主体，2005年8月8日，中国人民银行发布了《中国人民银行关于加快发展外汇市场有关问题通知》，对于非金融企业和非银行金融机构进入银行间外汇市场交易作了规定。其中，满足一定条件的非金融企业和保险公司、证券公司、信托公司和财务公司等非银行金融机构可申请成为银行间即期外汇市场的交易成员。此举将对人民币汇率形成机制的完善起到良好的促进作用。

截至2005年12月31日，中国外汇交易中心拥有会员384家，全年新增会员机构31家。银行间外汇市场成员扩大到非金融企业后，中石化成为首家银行间结售汇市场非金融企业会员。

扩大即期外汇市场参与主体，允许非金融企业和非银行金融机构进入银行间即期外汇市场，按实需原则入场交易，这是我国近年来促进银行间外汇市场交易主体扩大的最重要的举措。允许多种类型经济主体参与银行间外汇市场，有助于市场充分竞争，改善交易过于集中的现状，形成合理价格，实现外汇资金在更广范围内的最优配置，有助于进一步完善人民币汇率形成机制。

（六）亚洲债券基金

亚洲债券基金是东亚及太平洋中央银行行长会议组织①(EMEAP)发起设立的，旨在扩展与深化亚洲各经济体及区域债券市场。2003年6月，EMEAP发起了第一期亚洲债券基金（ABF1）。2004年12月，EMEAP又发起了第二期亚洲债券基金（ABF2），具体包括1个泛亚债券指数基金（简称泛亚基金，PAIF）与8个单一市场②指数基金。泛亚基金对8个成员的主权与准主权本币债券进行组合投资，该基金将严格以泛亚指

①包括中国、日本、澳大利亚、新西兰、韩国、中国香港、泰国、马来西亚、菲律宾、新加坡、印度尼西亚的11家中央银行和货币当局。

②除日本、澳大利亚、新西兰以外的8个成员市场。

数（Pan－Asia Index）为基准进行被动式管理，泛亚指数中的地区投资比重的设定，既根据各成员国债券市场的市值变动而变动，同时也考虑其他与投资者有效参与债券市场相关的因素如市场流通量、市场的交易成本、市场对投资者的开放程度等。泛亚基金的管理人是道富环球投资管理新加坡有限公司，托管人是香港上海汇丰银行有限公司。中国人民银行于2005年4月30日同意泛亚基金进入银行间债券市场，在1.8亿美元等值人民币的额度内进行债券交易。

8个单一市场指数基金则分别投资于单个成员的主权与准主权本币债券。其中投资于中国债市的基金称做“亚洲债券基金中国债券指数基金”（简称亚债中国基金）。中国人民银行于2005年5月27日同意亚债中国基金进入银行间债券市场，在1.2亿美元等值人民币的额度内进行债券交易。这是继QFII后我国资本市场对外开放的又一项新举措，对于促进我国债券市场发展具有重要意义。

首先，将促进我国资本市场开放。11个EMEAP中央银行成员发起设立的亚债中国基金，以外汇储备资产投资于我国国债、金融债和中央银行票据，对发展壮大我国债券市场规模、提高债券市场对外开放程度具有重要意义。

其次，有助于推动银行间债券市场产品创新。我国的指数化投资产品与上市型基金尚处于起步阶段，亚债中国基金依据基准指数进行被动式管理，具有运行成本低、运作透明的特点，也是吸引广大投资者参与债券投资、推广国际上先进投资理念和投资方法的一次重要尝试。

最后，有助于丰富银行间债券市场交易主体。作为银行间债券市场最早的境外机构投资者，泛亚基金和亚债中国基金的进入为银行间债券市场增加了新的交易主体，也为更多的境外机构投资者的进入拉开了序幕。随着境外机构投资者在中国银行间债券市场比重的增加，我国银行间债券市场将更加成熟、更加国际化，将为我国经济发展做出更大的贡献。

（七）货币经纪公司

货币经纪公司是指在金融市场上，通过电子技术或其他手段，专门从事促进金融机构间资金融通和外汇交易等经纪服务，促进交易达成，并从中收取佣金的非银行金融机构。引进和设立货币经纪公司有助于促进我国金融市场尤其是货币市场和外汇市场的健康发展。首先，我国货币市场的发展已经提出了对货币经纪公司的客观需求，随着市场参与主体的多元化和投资需求的多样化，市场迫切需要专门从事信息服务的专业机构。其次，货币经纪制度是货币市场高效运行的内在要求，与直接交易相比，通过货币经纪公司的间接交易具有方便、快捷等多项特点。再次，随着我国利率市场化改革的深入以及中国加入世界贸易组织，引进和设立货币经纪公司，有利于国内金融机构借鉴和运用国际金融市场上新的金融工具，提高资金收益率和规避金融风险。

2005 年 8 月 9 日，中国银监会发布了《货币经纪公司试点管理办法》和《货币经纪公司试点管理办法实施细则》。《货币经纪公司试点管理办法》主要从货币经纪公司的市场准入条件、业务范围和监督管理及法律责任等方面做出规定;《货币经纪公司试点管理办法实施细则》着重从机构设立程序、业务管理要求和高级管理人员任职管理及强化监督检查措施等方面对《货币经纪公司试点管理办法》进行细化，提出更为具体的监管要求。

根据金融业开放的步骤和金融市场的发育程度，我国对货币经纪公司的设立，实行了先行试点、逐步放开的市场准入政策，循序渐进、逐步规范。在货币经纪公司引入的初期，可采取中外合资的形式，由国内适合条件的机构与国际知名货币经纪公司成立中外合资经纪公司，充分借鉴国际先进经验。2005 年 12 月 20 日，由上海国际信托投资有限公司与德利万邦有限公司（英国）共同组建的货币经纪公司——上海国利货币经纪有限公司正式开业，成为我国金融市场上首家货币经纪公司。上海国利货币经纪公司的业务范围是境内外外汇市场、货币市场、债券市场和衍生品交易等方面的经纪业务。

引进货币经纪制度、设立货币经纪公司，对于增强市场的流动性和透明度，提高资金在金融市场上的运作及配置效率，促进金融市场的健康发展具有积极作用。

（八）证券公司

证券公司作为证券市场最重要的中介机构，其规范发展直接关系到资本市场改革开放和稳定发展的大局。十几年来，证券公司在探索中成长，对证券市场的发展发挥了十分重要的作用，但也存在若干问题。近年来，由于证券市场的结构性调整和持续低迷，证券公司存在的问题充分暴露，风险集中爆发，一批证券公司的状况十分严峻。

2005年起，国务院决定对证券公司进行综合治理，其总体思路是：紧紧抓住宏观经济良性运行和证券市场稳定发展的重要机遇，以加强防范、完善制度、形成机制、打击违法违规活动为目标，风险处置、日常监管和推进行业发展三管齐下，做到防治结合，以防为主，力争在两年之内，基本化解现有风险，同时有效防范新的风险，为证券公司规范、持续、稳定发展奠定基础。2005年是证券公司综合治理的关键年，证券公司综合治理工作得到全面推进，并取得了阶段性成果。

一批高风险证券公司得以稳妥处置。近几年，许多证券公司的经营管理混乱，在业务发展过程中，不重视风险管理问题，出现账外经营、挪用客户资金和客户证券的违法违规行为。为有效控制风险的进一步扩大，严厉打击违法违规行为，切实保护投资者的合法权益，有关监管部门对一批高风险证券公司进行了有效处置。截至2005年底，共有19家高风险证券公司被关闭进入风险处置程序，其中有16家证券公司被取消证券业务许可证并被责令关闭。

证券公司重组整合进一步推进。人民银行会同有关部门，以中央汇金公司投资有限责任公司和中国建银投资有限责任公司作为重组平台，从法律关系、财务资源、金融监管、实施操作等方面对证券公司的重组方案进行研究和论证，根据不同证券公司的特点和实际情况，形成了各证券公司重组的基本思路。截至2005年底，人民银行已牵头完成了银河证券公司、华夏证券公司、北京证券公司、申银万国证券公司、国泰君安证券公司5家证券公司重组思路的设计。上述方案已经国务院批准，正在顺利实施。证券公司的重组整合促进了证券业务和证券经营网点向优质证券公司转移，有利于发挥证券公司的中介作用。

2005年证券公司综合治理工作得到了全面推进，并取得了阶段性成果。证券公司作为证券市场的重要中介机构，通过综合治理，有利于证券公司规范运作，有利于证券市场的稳定和长远发展。

四、基础设施建设

加强金融市场的基础设施建设是保持市场安全、稳健、高效运行的重要环节。基础设施的升级和改进既标志着市场发展的阶段性成果，又是促进市场持续发展的重要因素。功能完善、机制灵活、多样化的交易结算系统可以适应不同类型市场参与者的需求，降低交易成本。集中统一的证券托管系统在防范证券市场风险方面发挥着核心作用。高效安全的资金清算系统可以提高资金周转效率，满足大规模且频繁的金融市场交易所产生的资金清算需要。金融市场的发展对交易系统、结算系统和资金清算系统的有效联结和协调运转提出了更高要求。

（一）银行间市场交易系统

近年来，随着现代科技的发展，发达的信息和通讯技术在金融市场发展中得到日益广泛的运用，使得金融市场的交易结算等更加方便、快捷。我国银行间市场采用了自主询价、逐笔成交的场外交易模式，其灵活多样的交易方式能够满足市场参与主体尤其是机构投资者多元化、个性化的交易需求。为了给广大市场参与主体提供更为便捷的信息渠道与报价平台，我国银行间市场加强基础设施建设，已形成一个覆盖全国的现代化电子交易系统，为市场交易提供了有力的技术支持和多元化的选择。

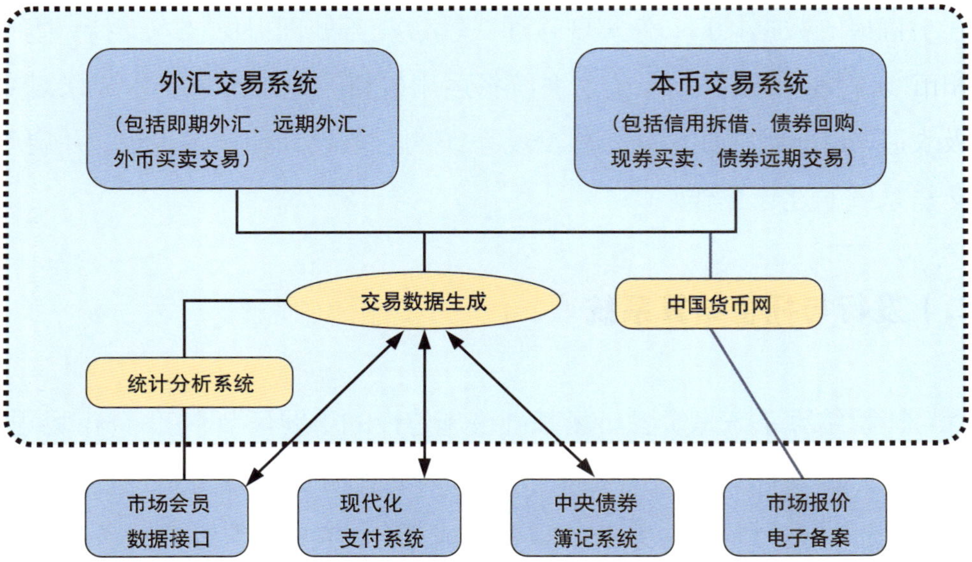

图3—3 银行间市场电子交易系统结构图

中国外汇交易中心开发和运营的银行间市场电子交易系统，主要包括外汇交易系统和本币交易系统两部分，并与国家现代化支付系统、中央债券簿记系统等多个外部系统和各家市场会员互联。该系统具有如下特点：

一是系统覆盖范围较广。电子交易系统可以进行外汇即期、外汇远期、外币买卖、人民币信用拆借、债券回购、现券买卖、债券远期、黄金交易等多种交易。通过覆盖全国的专线电子网络，市场参与者在本机构的交易室内即可完成远程电子交易。截至2005年底，中国货币网系统覆盖面已遍及全国县以上金融机构，注册用户达到11352家。

二是提供多种交易方式。电子交易系统提供询价交易方式、竞价交易方式，或同时提供竞价与询价两种交易方式，供市场参与主体根据需要自主选择。未接入专线交易网的市场参与主体可以通过中国货币网完成交易。目前，中国货币网已开发完成了各品种的市场报价与代理交易系统、美元债券报价与交易系统，网上电子备案系统也在推广之中。

三是系统技术升级与功能扩展持续进行。2005年，在银行间市场快速发展和产品不断创新的背景下，本币交易系统在原有交易系统中增添了债券远期交易、资产支持证券买卖、预发行等新的交易功能，并成功支持企业短期融资券、金融债、国际开发机构债券、公司债券等新金融产品的流通转让。交易系统与债券结算系统、资金清算系统建立了直接的数据接口，为实现直通式后台业务处理提供技术支持。适应技术不断进步和市场深化发展的要求，交易系统将运用最新的电子信息技术成果对交易系统进行升级改造，目前已完成了新一代交易系统的业务设计和技术论证，并启动了新一代本币交易系统的建设工作。

（二）发行与托管结算系统

发行与托管结算系统是金融市场基础设施建设的重要环节，在保证市场正常运行、防范市场风险方面发挥着重要作用。中央国债登记结算公司开发和运营的中央债券综合业务系统是证券发行与结算系统的重要组成部分。中央债券综合业务系统自1996年12月正式运行以来，经历了三次大的升级改造。目前系统架构包括一个中心系统，即中央债券簿记系统，以及债券发行系统等子系统，并与国家现代化支付系统、中国金融认证中心系统、中国外汇交易中心交易系统等多个外部系统互联。

中央债券簿记系统在债券综合系统架构中处于核心系统地位，以电子簿记形式提供全国债券的登记、托管以及银行间债券市场的结算功能。截至2005年末，系统内证

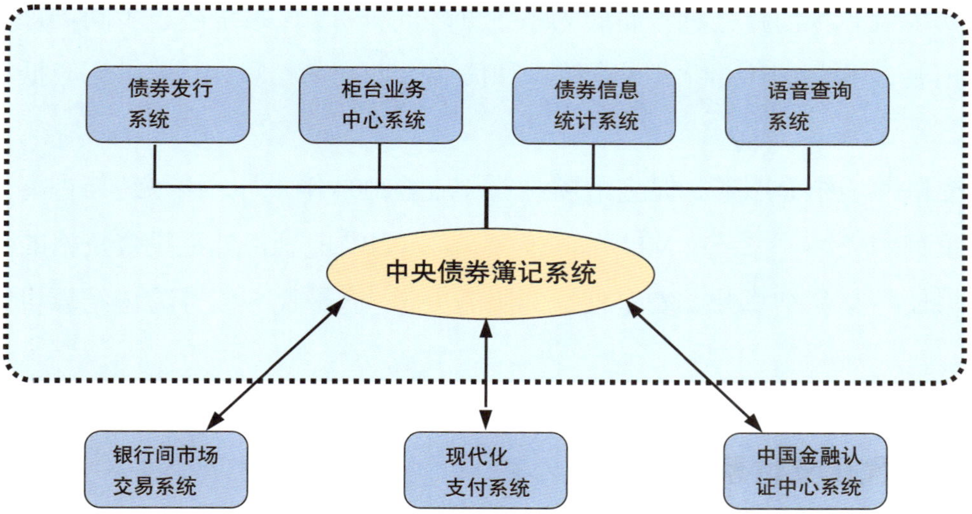

注：虚线框内为中央债券综合业务系统。

图3-4 中央债券综合业务系统结构图

券托管量达7.3万亿元；2005年办理结算量近40万亿元，兑付金额超过2万亿元。发行系统提供债券无纸化招标发行功能，2005年支持包括国债、政策性银行债在内的各类债券发行超过1万亿元。柜台业务中心系统与承办银行国债柜台终端相连，构成商业银行债券柜台交易系统基础，目前商业银行柜台市场投资人超过90万户。债券信息统计系统通过中国债券信息网，面向市场提供信息披露、市场统计以及债券指数和收益率曲线等服务。语音查询系统便于结算代理机构客户以及柜台投资人通过中央结算公司查询账户余额，为外部监督提供必要手段。

随着中央债券综合业务系统框架建立健全，其特点主要体现在以下几方面：

一是降低交易成本，切实保障投资者权益。安全高效的登记托管体系是市场平稳运行的基础，不仅降低了交易成本，也是投资者对市场信心的重要保证。以债券无纸化为例，1998年起可流通国债发行均为电子记账式，2003年起企业债及此后其他债券品种也实现无纸化发行登记，无纸化债券成为我国债券登记托管的主流方式。中央登记托管系统的建立，杜绝了假冒发行、假托管等违法违规现象，为我国金融市场健康发展奠定了重要基础。

二是系统扩展支持市场创新与风险控制。中央债券综合业务系统提供发行登记、托管结算兑付一体化服务，本息分离债券、次级债券、短期融资券、资产支持证券、国际机构本币债券等创新品种先后成为系统处理的证券。该系统还逐步向场外衍生品结算功能拓展，陆续推出买断式回购结算和债券远期交易结算，并提供相应抵押品管理功能。

三是提供跨境结算服务，促进市场对外开放。2004年4月，该系统与香港金融管理局债务工具中央结算系统(CMU)单向连接，首先为内地具备外汇投资资格的金融机构进行港币债券交易结算开辟安全便捷的服务渠道。这是我国债券跨境结算机制的初步尝试。

（三）现代化支付系统

支付系统是金融市场的核心金融基础设施，又是证券结算系统中资金清算的关键系统，直接关系到国家经济金融的稳定，其覆盖应用面几乎涉及金融市场各个部门。

中国现代化支付系统由中国人民银行自主开发建设，是各银行和货币市场的公共支付清算平台，是人民银行发挥金融服务职能的重要核心支持系统。中国现代化支付系统建设旨在逐步形成一个以现代化支付系统为核心，以商业银行行内系统为基础，各地同城票据交换所并存，支撑多种支付工具的应用和满足社会各种经济活动支付需要，推动各相关市场主体进行金融创新的支付清算体系。

现代化支付系统由大额支付系统和小额支付系统两个应用系统组成，并与多个外部应用系统相连组成支付结算网络。在运营模式方面，现代化支付系统建有两级处理中心，即国家处理中心和全国省会（首府）及深圳城市处理中心。大额支付系统实行逐笔实时处理，全额清算资金，该系统处理同城和异地、商业银行跨行之间和行内的大额贷记及紧急的小额贷记支付业务，处理人民银行系统的贷记支付业务。小额支付系统在一定时间内对多笔支付业务进行轧差处理，净额清算资金，该系统处理同城和异地纸凭证截留的商业银行跨行之间的定期借记和定期贷记支付业务，中央银行会计和国库部门办理的借记支付业务，以及每笔金额在规定起点以下的小额贷记支付业务。

2004年，支付系统与银行间市场运作系统联网，进一步拓展了大额支付系统面向金融市场的基础服务功能。大额支付系统国家处理中心与中央债券综合业务系统连接，实现了债券市场及本币公开市场操作的券款对付结算；支付系统上海处理中心与外汇交易系统连接，处理外汇交易人民币资金清算，保障了外汇交易资金的及时清算。

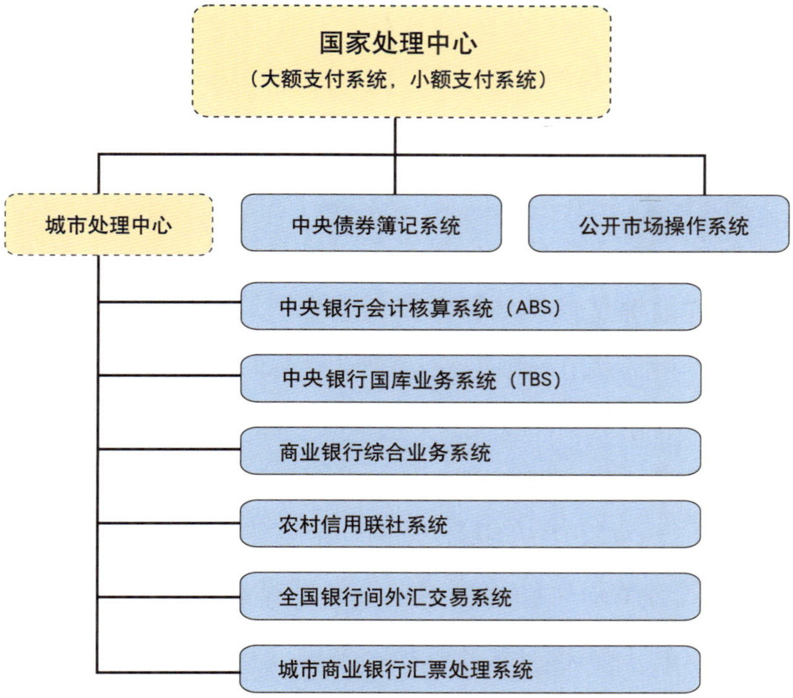

注：虚框部分为现代化支付系统。

图3–5　中国现代化支付系统结构图

2005年大额支付系统建设取得重大突破。继2002年10月开始试运行、2003年12月推广到所有省会（首府）城市和深圳市的基础上，大额支付系统于2005年6月完成了在全国的推广应用。至此，我国支付清算体系从手工联行到电子联行、再到现代化支付系统实现了历史性飞跃，以大额支付系统为核心、商业银行行内系统为基础、其他支付结算系统为补充的支付清算体系基本形成。从实际效果看，大额支付系统运行稳定，形成了连接32个城市的1500多家直接参与者和6万多个银行分支机构。目前，日均处理跨行汇划业务50多万笔，金额7000多亿元，实现跨行资金清算零在途，提供了快速、高效、安全的跨行实时支付清算服务。同时，小额支付系统也开始试点，取得了支付系统建设和业务功能的新突破。

（四）券款对付结算方式

金融市场基础设施建设的重要目标之一是降低市场交易成本，防范市场运行风险。为此，我国银行间债券市场借鉴成熟市场先进经验，不断改进基础系统建设，其中一个重要成果是实现了债券交易结算的券款对付方式。券款对付(Delivery Versus Payment, DVP)是指在结算日债券交割与资金支付同步进行并互为约束条件的一种结算方式。券款对付的特点是结算双方交割风险对等，提高市场运行效率，是一种高效安全的结算方式，也是当今国际证券结算组织推荐的做法。2004年11月8日，支付系统与债券系统联网运作，银行间市场实现债券交易券款对付结算。

实现券款对付的前提是债券结算系统与资金清算系统的有效联结和协调运转。券款对付的基本过程是：债券系统根据成员的债券结算指令，直接向支付系统发出资金划收即时转账报文，债券系统在收到支付系统资金清算通知的同时办理债券过户，从而实现每笔债券和资金同步交收。这一过程采取实时全额券款对付模式，所有直接结算参与者的资金账户开立在中央银行，是国际公认的确定性最强的证券结算方式。2005年银行间市场的券款对付结算额约占全年结算额的52%。

实现券款对付有利于增强国家支付系统和证券登记托管系统的基础服务功能，有利于推动金融市场的健康发展。首先，它是我国债券市场运行模式的一次重要完善。券款对付机制能够排除证券结算的本金风险，有效降低信用风险和流动性风险，并且提高结算效率。其次，两大系统对接也实现了公开市场业务操作的券款对付结算，改善了货币政策的传导，提高了商业银行流动性管理效率。两大系统的联合运作，对于支持货币政策实施、维护金融稳定、提高全社会金融服务水平都具有重要意义。

目前，券款对付的使用对象尚未普及到所有机构投资者，业务应用范围限于债券二级市场交易结算和公开市场操作，见款付券和见券付款等结算方式与券款对付机制并存。因此，券款对付机制还有进一步完善和推广的必要。

（五）直通式处理方式

2005年10月，债券交易系统接入中央债券簿记系统，银行间市场债券交易结算数据实现了直通式处理(Straight Through Processing， STP)，为我国债券市场高效、安全运作提供了技术支撑。这是我国金融市场基础设施建设的另一个重要进展。

直通式处理是全球金融领域目前广泛采用的一种全自动数据传输与处理方式。具体而言，直通式处理是指交易系统生成交易数据之后，通过完全自动化的电子传输方式，不间断地传输到交易成员内部系统进行确认核实，传输到登记结算系统进行登记交割，传输到支付系统进行资金清算等一系列处理过程。直通式处理不仅仅是数据在单一机构内部的自动化处理，更重要的是数据在所有业务关联机构间实现了“无缝连接”，即直通式处理实现了不同系统间的信息交换。

2005年，银行间市场各系统数据互联建设取得了重大进展，交易系统与结算系统实现了包括质押式回购、买断式回购、现券买卖、债券远期成交数据传输功能和买断式回购、债券远期事前控制功能的数据接口开发；交易系统与簿记系统数据接口联通，实现了交易数据从询价到交易确认、债券交割与资金清算的直通式处理。实践证明，直通式处理的实现有利于实现金融市场的平稳、高效运行，其主要作用可以概括为：一是提高了处理效率和精确度；二是简化了操作流程，降低了运行成本；三是消除了手工劳动，降低了操作风险。

Chapter 4

第四部分 专题分析

- 社会融资结构调整
- 货币政策与金融市场
- 存贷期限结构研究
- 金融生态改善与金融市场发展
- 信用评级的规范与发展
- 社会保障制度与金融市场

专题一

社会融资结构调整

社会经济活动所需的融资，按照金融机构参与方式的不同，大体可以分为两种：直接融资和间接融资。所谓直接融资，是指资金盈余部门直接向资金不足部门融通资金，没有金融机构作为融资媒介，例如发行股票、发行债券等；所谓间接融资，是指资金盈余部门通过银行等金融机构向资金不足部门融通资金，金融机构通过自身资产和负债的增减变化完成融资活动，例如银行向企业贷款。从微观经济角度，融资结构问题的重点是企业如何在不同融资方式之间进行优先选择。无数市场主体的微观融资选择构成了宏观的社会融资结构，即宏观经济领域直接融资与间接融资的比例关系。宏观经济分析关注不同社会融资结构的风险与效率问题。

从主要市场经济国家经济发展的情况看，既有直接融资相对占优势、以金融市场为主导的社会融资结构，也有间接融资相对占优势、以银行融资为主导的社会融资结构。在不同国家、不同阶段、不同信用文化下，两种模式都有成功促进经济发展的范例。因此，直接融资与间接融资并不存在绝对的孰优孰劣，也不存在普遍适用于所有经济体的“最优”社会融资结构比例。判断社会融资结构合理与否，主要看既有的社会融资结构能否适应经济发展需要。

一、我国社会融资结构的现状

现阶段，我国社会融资结构的突出特点是银行贷款在社会总融资量中占绝对优势，股票市场、企业债券市场规模相对偏小，企业外部融资无论期限长短，均过度依赖银行贷款。

如图4-1所示，我国企业债券和股票直接融资占社会融资总量的比重一直在10%以下徘徊，其余90%的融资来源于银行贷款。与这种结构状况相联系，我国股票市场和企业债券市场规模相对偏小：2004年末股票总市值与GDP的比例约为23%，2005年末该比例下降为20%，远低于主要市场经济国家的水平；2004年末，我国企业债券余额与 GDP 的比例仅为 1.1%，与亚太地区其他经济体相比处于很低的水平。

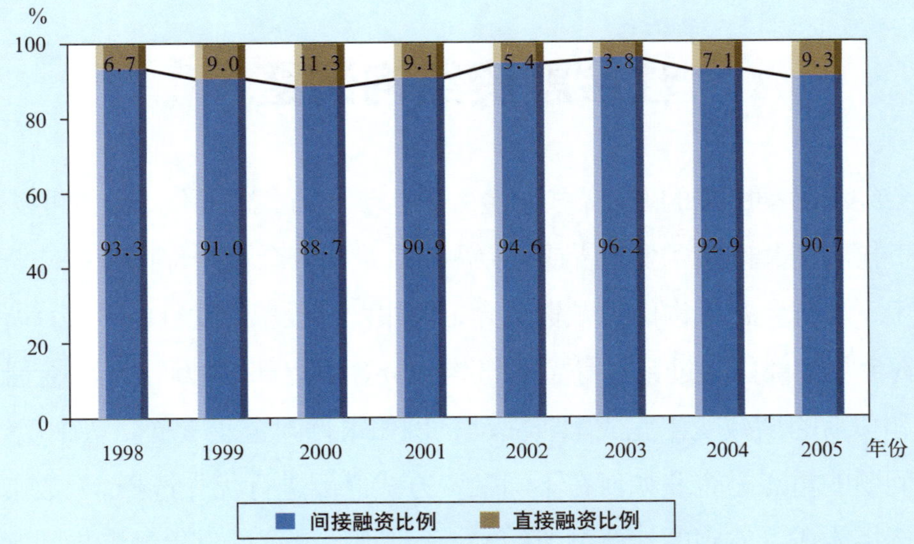

资料来源：中国人民银行、国家统计局。

图4—1 我国直接融资与间接融资的对比关系

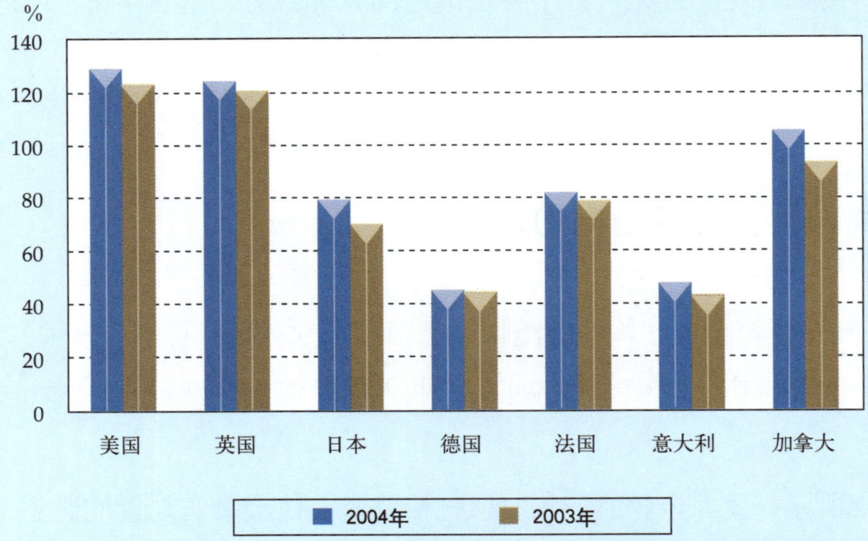

资料来源：Bloomberg.

图4—2 G7国家股票市值与GDP的比率

另一方面，我国的广义货币供应量持续高速增长。2005年末，M2与GDP的比例超过了160%，是全球最高的水平。M2/GDP比例过高，无论在宏观经济领域还是在微观经济领域都带来了诸多挑战。

二、现有社会融资结构存在的主要问题

（一）高负债、高风险的企业资本结构

研究表明，我国无论是哪种所有制企业都有较高的资产负债率。由于资本市场发展相对滞后，企业缺乏自有资金，也缺少补充资本的渠道；企业融资高度依赖债务融资，而且主要是银行贷款。这就导致企业的资本结构呈现高负债特征，高负债资本结构实质上激励企业进行高风险投资和经营活动。企业整体负债率偏高反映在金融领域，就是银行客户的整体风险偏大、贷款违约率高、不良贷款问题严重。

（二）金融资源配置效率损失

与通过金融市场融资相比，贷款融资在转轨经济中通常有两个特点：一是贷款利率受到管制，资金价格形成机制非市场化；二是资金使用和偿还情况缺乏透明度，难以对债务人产生较强的市场约束。受到管制的贷款利率如果偏离市场均衡利率，信贷资金就会产生短缺或过剩，资金难以在利率的引导下配置到运用效率较高的部门。同时，在经济体制转轨过程中，国有银行对国有企业的债权受多种体制性因素影响呈软约束状态，国有银行实际上难以对贷款违约的国有企业行使“退出”的惩罚权力，反而形成了国有金融体制对国有企业的金融支持和国有企业对这种支持的刚性依赖。因此，在转轨经济中，贷款融资方式相对缺乏透明度的特点更容易导致资金配置效率低下。

（三）风险过度集中于银行体系

由于整个社会90%以上的融资都通过银行贷款方式完成，银行系统不仅承担了短期流动性融资功能，而且承担了长期资本性融资功能。竞争导致企业优胜劣汰是市场

经济的常态，与之相联系，一定比例的债务违约也是很正常的。但是，现有社会融资结构将分散的企业经营风险过度集中到银行体系，而且，贷款资产流动性相对较低，银行体系对外转移和分散风险需要很高的交易成本，过度集中于银行体系的风险很难转移和分散，对金融稳定形成了挑战。

三、发展金融市场，调整社会融资结构

调整我国现有的社会融资结构大致分三个层次：第一个层次是改变直接融资与间接融资的不平衡，提高直接融资比例；第二个层次是在直接融资方式中，改变债券市场与股票市场发展的不平衡，优先发展债务资本市场；第三个层次是在债券市场中，改变政府债券市场与公司债券市场发展的相对不平衡，大力发展公司债券市场。

发展金融市场、调整社会融资结构当前最主要的几个任务：一是减少对金融产品创新的管制，实质性地降低直接融资的管制成本；二是加强金融市场基础设施建设和市场制度建设，降低直接融资的交易成本；三是持续改善金融生态，降低直接融资的信用风险、管制风险、法律风险等。

专题二

货币政策与金融市场

一、货币政策调控方式的转变

20世纪90年代以来，中国人民银行一直致力于推动宏观金融调控方式由直接调控方式向间接调控方式的转变，不仅提高了货币政策调控的主动性和有效性，而且为金融市场的发展创造了重要条件。这期间中国人民银行主要采取了以下措施：

一是1998年1月1日取消贷款限额控制，在制度上为货币政策中介目标真正转向货币供应量，实施数量型为主的间接调控奠定了基础，也为商业银行自主运用资金创造了条件。

二是1998年3月改革存款准备金制度，合并备付金存款账户与准备金存款账户，恢复了准备金存款原有的支付、清算功能，增强了其作为货币政策工具的职能。根据货币政策调控需要，近年来中国人民银行适时调节法定存款准备金率，并出台差别存款准备金政策，有效实施货币调控。

三是灵活开展公开市场操作，于1998年恢复公开市场业务债券交易。公开市场操作作为市场化货币政策工具，在近年的货币政策操作中充分体现了其主动性、灵活性、时效性和公平性的特点，对调控基础货币和货币供应量发挥了重要作用，在加强商业银行头寸管理，引导货币市场利率方面也有重大意义。公开市场业务的有效运用，标志着中国中央银行已开始主要通过金融市场实施对货币信贷的调控，这是中国金融市场现代化的一个重要标志。

四是稳步推进利率市场化改革。利率是金融市场上最重要的价格变量。近年来，我国利率市场化改革稳步推进，目前货币市场利率已基本实现市场化，同时放开了商业银行贷款利率上限，实行人民币存款利率下浮制度。随着利率市场化改革的深入和金融市场的发展，利率作为价格杠杆调节市场资金供求的作用将日益增强，在货币政策调控中的重要性也将不断上升。

五是推进人民币汇率形成机制改革。2005年7月21日，中国人民银行宣布实行以市场供求为基础、参考一篮子货币进行调节、有管理的浮动汇率制度。这次改革是继1994年外汇体制改革之后完善人民币汇率制度的又一重大举措。通过参考一篮子货币，人民币汇率波动体现了国际主要货币之间汇率的变化，并正在发挥调节市场供求的杠杆作用。

通过采取以上措施，中国人民银行基本完成了货币政策调控方式由直接调控向间接调控的转变。目前中国人民银行主要通过市场化手段实施宏观调控，在稳步推进货币政策工具改革的同时，积极发展金融市场，适时推进金融企业改革。适应间接调控需要的货币政策传导机制不断完善。

二、货币政策与金融市场的关系

从主要市场经济国家的发展经验和我国经济市场化改革的实践来看，货币政策与金融市场之间具有相辅相成、互相促进的关系。一方面，中央银行作为货币政策的制定者，同时作为金融市场的参与主体，将直接促进金融市场的发展；另一方面，金融市场作为货币政策传导机制的重要组成部分，不仅直接影响货币政策的传导效力，也将在很大程度上影响我国货币政策调控方式向间接调控方式转变的进程。

（一）货币政策实施促进金融市场发展

第一，货币政策操作促进了金融市场平稳运行。自1998年中国人民银行恢复公开市场操作以来，公开市场操作以金融机构超额存款准备金为主要操作目标，动态监测分析财政库款、外汇占款、现金投放与回笼等影响流动性变化的因素，根据货币调控总体需要灵活开展公开市场操作，适时适度调节银行体系流动性，及时熨平流动性波动，保持流动性总量适度、结构合理和变化平缓，为金融市场的发展创造了流动性运行平稳的市场环境。2005年，共发行中央银行票据2.8万亿元，累计回笼基础货币3.6万亿元，累计投放基础货币2.2万亿元，投放、回笼相抵，通过人民币公开市场操作净回笼基础货币1.4万亿元。年末金融机构超额准备金率为4.17%，为历史同期最低点，表明银行体系的资金运用效率有所提高。中国人民银行在有效实施数量调控的同时，密切关注货币市场利率走势，加强对货币市场利率的引导，促进货币市场利率平稳运行，并积极培育市场基准利率的形成，为金融市场平稳发展和金融工具创新创造条件。近年来，中国人民银行在灵活开展公开市场操作的同时，综合运用多种货币政策工具实施宏观调控，取得了明显的调控效果，为金融市场的发展创造了良好的外部环境。

第二，货币政策操作丰富了市场工具。2003年以来，为对冲外汇占款快速增加，有效调控货币信贷增长，中国人民银行开始通过发行中央银行票据收回银行体系多余的流动性，截至2005年末，累计发行中央银行票据数量超过5万亿元。这一工具创新不仅使中国人民银行在外汇储备刚性增长的情况下获得了货币调控的主动权，而且弥补了目前我国货币市场、债券市场缺乏短期工具的不足，为金融机构提供了新的流动性管理工具。目前，中央银行票据余额占银行间债券托管总量的比重已超过30%，中央银行票据具有无风险、期限短、流动性高等特点，成为二级市场最为活跃的交易券种之一；中央银行票据大规模、连续滚动发行机制也使其成为货币市场相同期限品种产品定价的重要参考依据。

第三，货币政策操作提高了市场流动性。1998年，中国人民银行恢复公开市场操作以后，鉴于全国银行间债券市场发展刚刚起步，可操作债券非常有限，中国人民银行决定将国债、中央银行债券和政策性金融债作为公开市场业务操作工具，运用这些债券开展回购操作，不仅提升了这些债券的信誉度，也直接提高了其流动性。按照货币政策调控总体要求，根据中央银行债券资产期限结构及规模管理的需要，1999年以来，中国人民银行选择市场化程度较高的国债和政策性金融债开展现券买卖交易，不仅支持了财政部和政策性银行债券市场化发债，降低了债券发行成本，保证了国债和政策性金融债的成功发行，而且提高了这些债券的流动性，也激活了债券二级市场交易，对于提高债券市场的流动性发挥了重要作用。

第四，货币政策操作增强了市场主体的市场参与能力。1997年，中国人民银行颁布了《公开市场业务暨一级交易商管理暂行规定》。适应公开市场业务发展的需要，中国人民银行选择了一批资金实力强、管理水平较高、资信良好，并且具有货币政策传导能力的金融机构作为公开市场业务的交易对象。近年来，根据货币政策调控需要和金融市场发展状况，中国人民银行不断规范和完善一级交易商制度，建立了公开市场业务一级交易商考评和调整机制，逐步扩大一级交易商机构范围和优化一级交易商结构。目前，公开市场业务一级交易商共有52家，机构范围包括存款类机构、证券公司、保险公司及基金公司，这些一级交易商不仅积极参与公开市场业务和债券市场交易，而且代理其他机构进行交易，市场参与意识不断提高，流动性管理能力和风险防范能力也有所增强，成为推动货币市场、债券市场发展的核心力量。

（二）金融市场发展为货币政策实施创造条件

第一，金融市场是货币政策操作的基础平台。自1996年全国银行间拆借市场正式建立以来，货币市场和债券市场获得了长足发展。一是金融市场体系逐步完善，从1996年起，相继建立全国统一的同业拆借市场、银行间债券市场、商业银行国债柜台交易系统，1998年，在银行间债券市场实现招标方式发行债券，2004年，实现了券款对付（DVP）结算方式，市场建设和清算系统升级为货币政策传导提供了必要的渠道和场所。二是促进金融市场主体多元化，市场成员由最初不足100家增加到5500多家，交易主体几乎涵盖所有种类金融机构，以及企业等非金融类机构，丰富了货币政策传导的微观主体。三是推动金融市场工具创新，引入新的发行主体，除国债、政策性金融债券和中央银行债券外，商业银行次级债券、商业银行金融债券、资产支持证券、企业短期融资债券等新工具不断涌现，直接为货币政策操作提供了大量可操作工具。货币市场和债券市场的发展拓展了货币政策操作空间，拓宽了货币政策传导途径，为货币政策操作提供了重要的市场依托和基础平台。

第二，金融市场发展将为货币政策间接调控方式的最终实现创造条件。在货币政策间接调控方式下，中央银行将主要依赖市场化手段实施货币调控，通过利率、汇率等价格信号表明货币政策意图，货币政策调控效力很大程度上取决于货币政策传导机制的完善程度和金融市场发展水平。从发达国家的情况看，中央银行主要通过对短期利率的引导来影响中长期利率，并通过中长期利率进一步影响实体经济部门，金融市场及实体经济部门对中央银行的货币政策信号的敏感程度直接影响中央银行货币政策的实施效果。

金融市场的利率水平能及时准确地反映基础货币的供求状况，中央银行可以通过观察市场利率的变化来评估货币政策操作的强度和效果，并根据货币政策调控需要进行预调和微调，以达到预期的调控效果。近年来，随着我国金融市场向纵深发展，货币市场和债券市场对中央银行货币政策操作的敏感性不断提高，货币市场利率和债券市场收益率与中央银行操作利率之间的关联性逐步增强，从一个侧面反映了货币政策实施效果的提高，这将为促进向间接调控方式转变的最终实现创造重要条件。

三、大力发展金融市场，进一步提高货币政策传导效率

近年来，中国人民银行加大金融改革力度，采取各项措施推动货币政策调控方式的转变，取得了明显效果。目前，我国已经初步形成从中央银行到货币市场、再到金融机构，进而影响实体经济部门的货币政策传导体系，金融市场已成为货币政策传导过程中的重要一环。

同时，受利率市场化程度及金融市场发展水平等因素制约，货币政策传导机制还有待完善，货币政策实施效率也需要进一步提高。今后，中国人民银行将进一步推动金融体系改革，一是稳步推进利率市场化改革，培育市场基准利率体系；二是推进外汇管理体制改革，完善人民币汇率形成机制；三是推动金融产品创新，促进金融市场健康发展；四是深化金融企业改革，着力推进国有商业银行改革发展，综合运用各种货币政策工具，保持货币信贷平稳增长，促进货币政策间接调控方式的最终实现，建立灵敏、高效的货币政策传导机制，而金融市场的持续、健康发展则是实现这一目标的前提条件。

专题三

存贷期限结构研究

一、我国商业银行存贷期限结构现状分析

近年来，我国金融机构“存款短期化、贷款长期化”趋势明显，商业银行“短存长贷”的信贷期限结构不匹配现象更加突出。一是存款来源短期化趋势明显。在居民部门储蓄存款中，活期存款占定期存款的比例逐年上升。2000—2005年，活期存款占定期存款的比例从39.4%上升为52.9%，上升13.5个百分点。二是资金运用长期化趋势加剧。2000年以来，短期贷款余额占金融机构各项贷款余额的比例逐年下降，而中长期贷款余额占金融机构各项贷款余额的比例持续增加。2000—2005年，短期贷款余额占金融机构各项贷款余额的比例从66.2%下降为44.9%，下降21.3个百分点。而同期中长期贷款余额占各项贷款余额的比例从23.7%上升到41.8%，上升18.1个百分点。其中商业银行的“短存长贷”趋势更加明显，2005年末，全部商业银行的中长期贷款余额为6.2万亿元，占比达到44.3%，而短期贷款余额仅为5.6万亿元，占比为40.2%，中长期贷款比短期贷款多5845亿元，商业银行更多地承担了资本市场融资的功能。三是近期商业银行“短存长贷”期限结构不匹配问题更加严重，值得关注。2005年第四季度，存款短期化趋势迅速反弹，活期储蓄存款占定期储蓄存款比上季度上升1.7个百分点。中长期贷款继续增多，中长期贷款比例比上季度末上升0.6个百分点，短期贷款比例下降0.9个百分点。

2005年末对我国8家主要商业银行存贷期限不匹配的摸底调查数据显示，一年期（含一年）以内到期应支付存款与到期应收回贷款之比，最高为4.05倍，一年期以上到期应收回贷款与到期应支付存款之比，最高为4.82倍。

二、商业银行存贷期限不匹配的风险分析

一是可能引发流动性风险。商业银行之所以发生流动性风险，首要原因就是其“短

存长贷”的资产负债结构。银行获得的短期资金往往以长期信贷的形式提供给借款者，这种情形在银行的资产负债表中表现为两者到期的不匹配性。这种到期的不匹配，致使银行必须用稳定的短期资金来源支撑中长期贷款，一旦银根紧缩，储蓄分流加剧存贷风险上升，商业银行就会面临流动性风险。

二是面临利率风险。根据利率缺口理论和持续期缺口理论，“短存长贷”导致商业银行的利率敏感性资产（RSA）与利率敏感性负债（RSL）不匹配，利率变动之后，就会对银行的净利差收入产生影响。利率上升时，若银行的利率敏感性资产少于利率敏感性负债，则银行的净利差收入减少。利率下降时，若银行的利率敏感性资产多于利率敏感性负债，则银行的净利差收入也会减少。只有在银行资产和负债的平均生命周期(即存续期) 互相匹配时，才不存在这类利率风险。由于我国商业银行的存贷款期限失衡，期限不相匹配将是我国商业银行未来产生利率风险的主要原因。

三是潜藏信贷风险。银行过多发放中长期贷款，在未来宏观经济环境发生变动时，将存在巨大的信贷风险。目前，随着国家宏观调控的实施，一些中长期贷款的风险已经显现。2003年以来，个人消费贷款不良率逐渐上升，汽车消费贷款也由于风险不断暴露，一些地区已经停止贷款。此外，由于中长期贷款主要投放到固定资产和基础设施领域，如钢铁、水泥、电解铝等行业，不仅导致一些行业出现过热，而且当这些行业出现产能过剩时，银行贷款将面临巨大的信贷风险。

三、我国金融市场的发展为化解存贷期限不匹配风险提供了渠道

从长期看，“短存长贷”问题最终表现为商业银行资产负债期限结构不匹配的问题。因此，以发展的观点解决商业银行存贷期限结构不匹配问题，可以从银行的资产方和负债方两个角度综合考虑，合理控制中长期贷款比例，加大金融产品创新，进一步优化资产负债结构。

经过近几年的快速发展，我国金融市场为商业银行主动进行资产负债期限结构管理，防范和化解存贷期限结构不匹配风险提供了渠道。从负债方看，目前商业银行可以通过发行次级债券、一般金融债券、可转换债券等各种长期负债工具，获取长期稳定的资金来源，有效地改善信贷期限错配问题。

从资产方看，我国自2005年3月21日开始信贷资产证券化试点工作，目前已取

得阶段性成果，国家开发银行和建设银行通过银行间债券市场成功发行了首批72亿元资产支持证券。通过试点，初步建立了适合我国资产证券化业务的政策和法律框架，初步形成了一套有效防范风险的监管和约束机制，为资产证券化的进一步发展提供了托管、登记、交易操作平台和可借鉴的模式。商业银行可以根据自身存贷期限不匹配的情况，结合风险管理要求和资本充足率要求，把资产负债表内的中长期贷款资产进行证券化，通过"真实出售"和"破产隔离"的证券化结构设计，改善资产负债期限结构。

同时，商业银行通过金融创新和发行中长期负债工具、资产支持证券，也可以促进金融市场的快速发展，丰富我国资本市场的投资品种，不仅有利于形成合理的利率期限结构，而且还可以提高金融资产的市场定价能力，增强金融资产的利率弹性和敏感性。

四、管理和防范存贷期限不匹配风险需要发展金融衍生产品市场

从国外经验看，随着金融市场的发展，利用金融衍生产品来管理利率和信贷风险是商业银行主动管理风险的一个有效措施。商业银行通过购买金融衍生工具，可以冲抵资产负债业务在遭受利率变动和信贷风险发生时遭受的损失。主要的利率衍生产品有远期利率协议、利率期货、利率期权和利率互换等，主要的信贷衍生产品有信贷违约互换（CDS）、分层债务抵押证券（CDO）、全部收益互换、股票违约互换（EDS）、信贷期权和指数信贷衍生产品等。

探索研究利率衍生产品和信贷衍生产品，促进我国金融衍生产品市场的发展，可以增强商业银行管理利率风险和信贷风险的主动性。目前我国商业银行可以在防范风险的基础上尝试参与国际信贷衍生产品市场，尤其是亚洲市场，学习和积累国外发展金融衍生产品的经验。同时要积极探讨和发展一些适合目前金融市场发展的金融衍生产品，研究和推出利率互换和信贷违约互换等国外比较成熟的金融衍生产品，增强商业银行管理利率风险和信贷风险的主动性，促进我国金融衍生产品市场的发展。

专题四

金融生态改善与金融市场发展

一、金融生态与金融市场发展紧密相关

金融生态是近年来提出的一个非常重要且具有创造力的仿生学概念，对金融市场而言，金融生态是指影响金融市场运行的外部环境和基础条件，它包括法律制度环境、公众风险意识、中介服务体系、市场信用体系、行政管理体制等内容。这一概念借用生态学的理论，为理解金融体系的运行及其同外部环境之间紧密相关的动态关系，提供了新的科学视角。它的提出与运用表明：金融市场不是孤立地创造金融产品和金融服务的独立系统，其运行和发展都与政治、经济、文化、法治等基本环境要素相互依存、彼此影响。

一方面，良好的金融生态是金融市场健康、快速发展的前提和基础，良好的金融生态对推动金融市场充分发挥资源配置功能、促进经济健康发展具有重要的作用。完善的法律制度环境使金融市场运行有法可依，规则明确；成熟的公众风险意识使金融市场参与者行为理性，权责清晰；有公信力的中介服务体系和信用体系使金融市场交易成本降低，更为高效和透明；松紧适度的行政管理体制使金融市场公正有序，发展稳定协调。反之，如果市场制度建设、参与主体治理结构以及信用体系等金融生态不够完善，甚至出现经济需求和金融发展脱节、经济结构和投融资体制不合理等宏观层面的深层次问题，都会严重制约金融市场的发展。

另一方面，金融市场宽度与厚度的增加也会反过来有效地推动金融生态的改善，体现金融生态的发展规律最根本的就是要坚持市场导向。随着金融市场的发展和各项市场化改革的推进，将会使市场产品创新不断涌现，市场规模不断扩大。市场交易的频繁发生对外部制度环境提出了权责明晰、公平有序的要求，这将会推动金融法律制度等市场运行规则不断完善，推动市场管理体制科学化、合理化和市场化，同时，市场交易对合理定价的追求也会推动中介服务体系和社会信用体系走向成熟，推动市场参与主体风险意识与市场化观念逐渐增强，使市场主体更加理性，金融资源配置更加

合理，金融发展更加有序和均衡，从而促进良好金融生态的形成。

正由于金融市场发展与金融生态改善紧密相关、相互影响，因而从现实情况看，金融生态的完善程度与金融市场的发展阶段存在着较高的一致性。从国别看，在市场经济、法律等制度比较完善和成熟的国家，金融市场发达且运转平稳和高效；各项制度不成熟、金融生态不完善的国家，金融市场发展就较为落后。从一国之内不同区域看，由于地理位置、历史沿革、经济条件等多种因素差别导致区域之间的金融生态完善程度不同，在市场规则制定与执行、市场参与主体治理结构与参与意识、信用体系和中介服务机构发展程度、社会经济市场化程度等方面存在差异，从而使各区域之间的金融市场发展速度和阶段也出现较大差别。

二、改善金融生态对推动我国金融市场发展意义重大

虽然近年来我国金融市场发展较快、进步明显，但是与发达国家金融市场相比，我国金融市场还存在着许多问题，主要包括：金融市场发展相对滞后，融资结构中间接融资仍占绝对比重；金融市场发展缺乏深度和广度，市场产品单一，信用层次较少；金融市场各子市场发展不均衡。产生这些问题的原因是多方面的，对市场运行影响重大的金融生态有待改善无疑是一个重要原因，这包括：首先，部分公司、企业和投资者的经济行为尚未完全市场化，现代化和专业化程度不够，自我约束机制薄弱，风险意识缺乏。其次，作为金融生态重要组成部分的市场制度性建设仍有待加强，如企业制度尤其是企业破产制度不够健全，不能实现对债权人合法权益的充分保护，部分子市场的制度如会计、税收制度等不明确甚至缺失，影响业务开展和金融创新，各类中介机构欠缺公信力，信用评级制度还不能真正发挥评优示劣的作用。

具体来看，回顾和总结对我国金融市场发展过程中部分案例的经验与教训，也可以清楚地看到，注重培育和改善金融生态对于我国金融市场健康发展具有非常重要的意义。事实证明，在发展过程中注重金融生态的完善与协调，金融市场就能得到快速、健康的发展；反之，在发展过程中不注重金融生态的完善与协调，就可能导致出现系统性风险，从而延缓金融市场的发展，甚至造成金融市场发展的停滞。

银行间市场建立以来，始终保持规范、稳健运行，市场成员不断扩大，覆盖了所有金融机构并逐步延伸到非金融企业，交易量稳步增长，市场利率平稳，从未出现重

大违规事件。这与监管部门在对银行间市场进行监督管理的过程中，始终高度重视培育和改善金融生态是密不可分的。

第一，完善的法律制度是推动金融市场稳定发展的基本保障。在银行间市场发展过程中，监管部门始终坚持制度先行、规范市场的管理原则，逐步建立了比较完整的规范一级市场发行和二级市场交易的规章制度，制定了一系列规范市场主体各类市场行为的办法与规定，并且严格按照各项规章制度进行市场监管。这就有力保证了银行间市场在发展过程中稳健运行，有效地控制了系统性风险。

第二，权责清晰、公正透明的市场规则是推动金融市场健康发展的重要前提。监管部门始终注重培养银行间市场参与主体的风险意识，明确在市场规则公平、透明的前提下，市场参与各方风险自担，同时鼓励市场参与主体主动预测、分析与防范各类市场风险。为了给市场参与主体预测与防范风险提供制度保障，监管部门非常注重市场透明度建设，制定了比较严格的信息披露制度，并要求作为两家市场中介组织的全国银行间同业拆借中心和中央国债登记结算公司，组织市场参与主体进行必要的信息披露，使市场激励和约束机制充分发挥作用，保证市场健康有序运行。

第三，不断改进的信用体系与中介服务体系是推动金融市场顺畅运行的重要条件。在银行间市场发展过程中，人民银行始终重视市场信用体系建设，在参与主体具有了较强风险意识、市场透明度显著增强的情况下，银行间市场逐步在国债、政策性金融债等主权信用类产品的基础上引入了具有商业信用和风险溢价的金融产品，如商业银行次级债券、企业短期融资券等，增加了金融产品种类，丰富了市场信用层次。在这一过程中，人民银行注重引导会计师事务所、律师事务所、信用评级机构等市场中介机构发挥积极作用，让这些中介机构在参与主体履行信息披露与信用评级义务中依法执业，并接受市场的监督。

第四，严格依法管理前提下的市场化监管是推动金融市场持续发展的重要因素。在银行间市场发展过程中，监管部门根据法律赋予的职能对银行间市场进行监督管理，并严格按照《行政许可法》的要求依法行政，同时坚持市场化的管理理念。比如关于金融债券发行管理体制，监管部门学习国际先进经验，在市场发展初期采用较为严格的审批制，但随着信用评级、信息披露等各种市场化机制的建立与完善，以及投资者风险识别和抵抗能力的提高，债券发行管理淡化了审批色彩，已改为采用核准制。

金融生态概念的提出，表明我国金融体制改革将逐渐转向更多注重金融体系和金融市场发展的外部环境与基础条件的全面完善，从而必将极大推动我国金融市场的发展。

三、进一步改善金融生态，推动我国金融市场发展

理论和实践都证明，金融生态改善与金融市场发展密不可分，要进一步推动我国金融市场的发展，就必须加快经济和金融体系改革，大力改善金融生态。具体来说，应该主要从以下几个方面采取措施：

第一，改善金融生态需要改造金融市场的微观基础。对金融市场而言，就是要从对金融市场参与主体的培养与改造入手。一是要加强市场开放程度，丰富市场参与主体的类型，促进参与主体行为的市场化与需求的多元化，防止行为趋同导致市场缺乏活力或波动太大。二是要大力培育金融市场的参与者与主力军——机构投资者群体，培养其风险意识和信用意识，增强其风险分析与管理能力。三是要扩大金融市场的外延，采取措施使个人投资者通过各种方式进入金融市场的渠道更为通畅，为企业年金、社保基金、住房公积金等集合性资金的投资运作创造条件。

第二，改善金融生态应该完善金融市场的法律制度环境。首先，要完善以《破产法》为代表的一系列基本法律法规，以保护投资人、贷款人等金融市场参与主体的合法权益，维护正常市场秩序；其次，要建立完善统一的金融市场规章制度，包括会计、审计、税收以及信息披露制度等，保证市场公正性，提高市场透明度。

第三，改善金融生态需要完善金融市场信用体系。金融市场是一个信用市场，信用体系的完善与否决定着金融市场交易成本的大小和运行效率的高低。完善信用体系，应该将建立与完善金融市场信用体系作为建立与完善整个社会信用体系的一部分，统筹考虑，协调安排；要做好金融市场内部的相关制度安排，包括建立和完善信用评级机制，引导与培育信用评级机构，加强市场参与主体信用记录和数据的积累和管理等；此外还应该加强信用宣传，增强市场参与主体的信用意识，培养市场信用文化。

第四，改善金融生态需要规范与完善金融市场中介服务体系。应该充分重视和发挥会计师事务所、律师事务所、信用评级机构等中介服务机构在金融市场运行中的重要作用。一方面，应制定完善统一的相关市场制度规章，对中介服务机构的执业行为进行规范和引导；另一方面，应积极创造条件，逐步加大市场对外开放程度，引进外国中介服务机构的先进管理技术与经验，增强市场竞争，提升我国中介服务机构的专

业化服务水平。

第五，改善金融生态还应该完善金融市场的监督管理体系。金融市场监管部门的监管理念与监管方式对金融市场的发展有着重大影响。金融监管部门应该继续坚持市场化的监管理念，尊重市场发展的一般规律。同时，监管当局还应坚持严格依法行政，提高行政管理透明度。在完善现有金融市场监管架构的基础上，应该通过正式的制度安排，建立金融监管部门之间稳定的沟通协调机制。

总之，我国金融市场发展的历史经验已经充分证明，金融生态的改善是金融市场发展的重要前提与基础，没有近年来金融生态的不断改善，就不可能有我国金融市场的快速、健康发展。因此，要进一步推动我国金融市场的发展，就应该从改造市场微观主体、完善法律制度环境、建立与完善信用体系、规范与完善中介服务体系、优化市场监管体系等多个方面，综合地、渐进地改善我国金融生态，为金融市场的快速、健康发展提供良好的外部环境和基础条件，使金融市场在保证货币政策顺利实施、推动国民经济快速发展的过程中发挥更大的作用。

专题五

信用评级的规范与发展

信用评级是信用评级机构根据独立、公正、客观的原则，对债务人在未来一段时间如约偿还债务的能力和意愿的综合评价。这种评价通常划分为不同的级次，以简单、直观的专用符号标示为不同信用等级。信用等级越高，违约的可能性越小；信用等级越低，违约的可能性越大。近年来，随着我国金融改革日益深入和金融市场蓬勃发展，信用评级的作用越来越受到关注。

一、我国信用评级业的发展现状

经过十几年的发展，我国初步形成了一支信用评级队伍，目前从事信用评级业务的专业评级机构有73家，穆迪、标准·普尔和惠誉三家国外评级机构在北京开办了分公司或办事处，并与国内评级机构开展了技术合作。

评级业务主要分主体评级和债项评级两大类。主体评级是当前我国信用评级的主流产品，包括借款企业评级、金融机构评级、上市公司公开信息评级等。在借款企业评级方面，2005年全国60多家评级机构对52173户借款企业进行了信用评级，业务量占当年信用评级业务总量的96.5%；在金融机构评级方面，2005年有信用评级机构先后发布了对我国部分商业银行的信用评级结果；在上市公司公开信息评级方面，2002年以来一些评级机构依据公开信息对中国A股、B股、H股上市公司进行了主动评级，目前评级企业数量已逾300余家。相比主体评级，债项评级业务量小，但增长速度很快。2005年债项评级业务量比2004年增长了3.7倍。

二、信用评级对发展金融市场的重要作用

信用评级是解决金融市场信息不对称问题的重要途径之一。特别是在债券市场上，信用评级发挥着十分重要的作用：一方面帮助投资人揭示不同债券的风险水平，另一

方面为金融产品的市场定价提供重要的参考依据。

近两年来，有关管理部门先后在银行间债券市场推出了证券公司短期融资券、商业银行次级债券、商业银行金融债券、企业短期融资券、资产支持证券等创新金融产品。截至2005年末，有76只短期融资券进行了信用评级，其中60只获得了A-1+级的信用等级(其中第一批有2只使用的是标准·普尔级别BBB+级，相当于国内A-1+)，占比为79%，16只获得了A-1的级别，占比为21%。在银行间债券市场发行的11只商业银行次级债（共计766.3亿元）、4只一般性金融债（共计270亿元）、5只证券公司短期融资券（共计29亿元），以及试点银行发行的开元信贷资产支持证券和建元个人住房抵押贷款证券（共计71.9亿元）均进行了信用评级。经过信用评级且在上海证券交易所、深圳证券交易所上市的债券品种主要有58只企业债券和24只可转换公司债券。部分集合委托资产管理计划也须经过信用评级。

金融市场的发展对信用评级业提出了新的要求，也为其发展提供了前所未有的机遇。一是债券市场的发展扩大了信用评级的业务空间，特别是企业债券市场的发展，要求加强信用评级作为债券风险评价与信息披露载体的功能。二是新金融产品的市场化定价机制提升了信用评级的作用，按照风险与收益对称原则，合理的定价机制离不开信用评级结果对风险的揭示。三是加入世界贸易组织将促进信用评级的发展，加入世界贸易组织后，外资机构进入中国，既增加了评级业务种类，也对评级技术提出了新的要求，促使我国信用评级行业充分发展。

三、加强信用评级行业建设，促进金融市场发展

十几年来，我国的信用评级行业从无到有，从小到大，目前仍处于发展的初期阶段，金融市场的发展迫切要求信用评级体系的完善。

第一，需要构建有利于信用评级健康发展的市场环境。目前我国的信用环境还很不完善。就企业信息披露来说，信用评级机构获得企业信息的来源渠道有限，企业披露信息的形式不规范、信息失真，损害了评级结果的准确性。由于存在恶性竞争，发行人过分追求高信用等级，甚至出现发行人、承销商为了顺利发行、减少成本，联合向评级机构施压的情况。构建良好的信用评级环境，是信用评级机构、机构投资者、承销商和发行人的共同责任。

第二，信用评级机构自身素质有待提高。对信用评级质量的质疑，除了源于历史的体制原因致使评级机构不能提供令人信服的信用产品外，也与评级机构本身没有树立起市场公信力有关。在市场规模小，竞争激烈的情况下，有的评级机构通过“价格战”来争取市场份额，报价之低难以确保评级质量；有的评级机构放弃原则，迁就客户的不合理要求，“以级定价、以价定级”，这些都违背了信用评级业主动、独立、客观、公正的原则。

第三，建立科学的评级质量评价体系。验证不同机构评级体系的科学性、评级的有效性以及评级结果的准确性，不仅是监管部门及投资者关注的重要问题，也是评级机构完善自身评级技术、提高自身市场公信力必须要解决的问题。评级结果与违约率的对应关系是国际公认的事后检验评级机构评级质量的一项最重要的标尺。我国信用评级领域目前还没有系统的违约率方面的统计，从长远来看违约率检验是评价评级机构评级质量的最直接也是最科学的方法，应切实建立好以违约率为核心的考核指标体系，采取事后验证、信息披露的办法，在市场中筛选并产生具有较高评级质量的评级机构，树立评级机构的公信力和权威性。

专题六

社会保障制度与金融市场

发达国家的经验表明，社会保障制度与金融市场的发展相互促进。完善的社会保障制度不仅有利于社会稳定和经济健康平稳发展，而且对推动金融市场发展有着十分重要的作用；而一个具有交易活跃、产品多样、运行平稳、风险分散的金融市场，对建立和维护完善的社会保障制度提供了不可替代的基础性作用。因此，发展我国金融市场对于我国社会保障制度的完善和社会保障基金的发展壮大具有重要意义。

一、我国社会保障制度发展状况

我国社会保障制度经过了三个阶段的发展进程。第一阶段为20世纪50年代至80年代，实行劳动保险制度，其特点是“低工资、高就业、高补贴、高福利”。第二阶段为20世纪80年代至90年代中期，实行社会统筹制度，在全国大部分地区自上而下、由点到面地逐步推行养老、医疗、失业等险种的社会统筹。第三阶段为20世纪90年代中期以来，社会保障制度进入体制创新阶段。目前，我国已初步建立了具有中国特色的多层次的社会保障体系，包括社会保险①、社会福利、优抚安置和社会互助等。

2000年8月，党中央、国务院决定设立全国社会保障基金，同时设立全国社会保障基金理事会，负责管理运营全国社会保障基金。全国社会保障基金的设立，成为我国社会保障制度得以实施的重要财力储备。2005年11月，全国社会保障基金资产规模达到1921.0亿元，比2000年末增长了8.6倍。

①社会保险是社会保障体系的核心。社会保险又以养老保险所占比重最大，其他社会保险包括失业保险、医疗保险、工伤保险和生育保险等。养老保险则包括城镇企业基本养老保险、企业补充养老保险（企业年金）、机关和事业单位养老保险、农村养老保险。

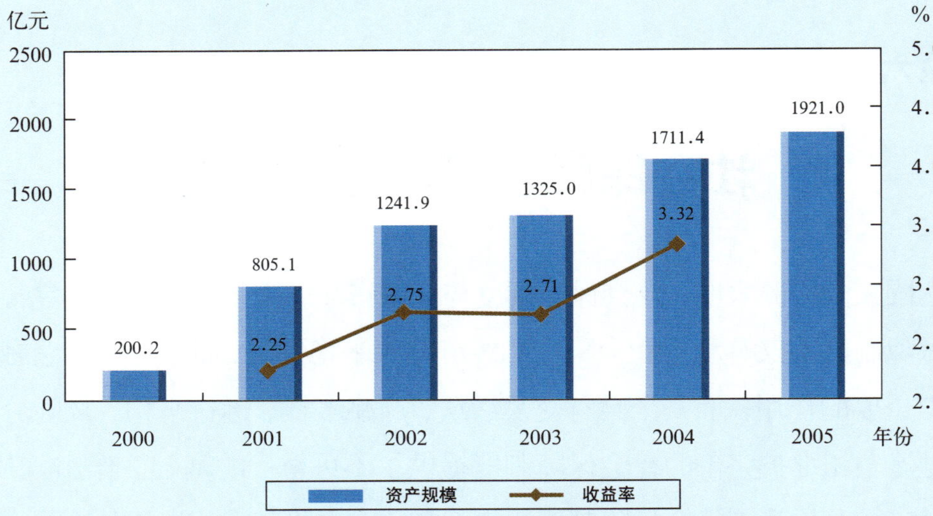

注：2005年为11月份数据，其余均为年末数据。

资料来源：全国社会保障基金理事会网站,www.ssf.gov.cn。

图4-3 全国社会保障基金资产规模与收益率情况

二、完善的社会保障制度有利于推动金融市场健康、快速发展

完善的社会保障制度是经济发展的“稳定器”和“助推器”，能够支持和促进金融市场尤其是资本市场的长期稳定发展。从宏观角度看，完善的社会保障制度通过实现老有所养、病有所医、失业有救济、残疾有安置、贫困有支援等，可以保障社会成员的基本生活，能够有效化解各种社会矛盾，实现国家的安定和社会的稳定，从而可以为金融市场发展创造良好的社会环境。从微观角度看，完善的社会保障制度的建立，可以规范和均衡企业的社会负担，有助于我国社会主义市场经济微观基础的形成，特别是有助于国有企业建立现代企业制度,从而能为金融市场发展创造良好的市场环境。

我国社会保障基金自成立以来，不断丰富投资品种。最初主要是投资于银行存款和国债，此后不断新增了企业债、金融债、股票组合、回购组合（2003年开始开展债券回购业务）、稳健组合、指数基金（2005年初开通上证50ETF直接投资渠道）和参股非上市企业等多种投资产品和投资方式。2004年末，我国全国社会保障基金投资于银行存款、债券、股权和股票的资产金额分别为667亿元、744亿元、113亿元、184亿元。

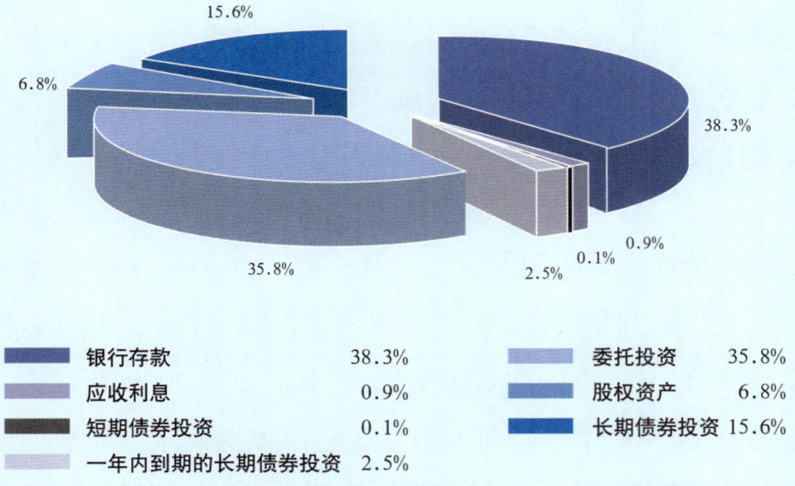

资料来源：全国社会保障基金理事会网站，www.ssf.gov.cn。

图4—4 2004年末我国社会保障基金资产分布

从投资分布看，2004年末，全国社会保障基金的主要投资方式为银行存款，占38.3%，其次为委托投资占35.8%，股权投资占6.8%；从投资收益①看，银行存款利息和国债利息两项收入合计占到总投资收入的70.4%，股权资产收益占9.5%，包括企业债券在内的其他债券利息收入占0.5%；从资产收益率看，2004年全国社会保障基金总体资产收益率为3.3%。

社会保障基金对金融市场的投资参与，推动了我国金融市场的快速发展。首先，为金融市场的发展提供资金支持，有利于扩大金融市场的规模和改善资金结构。其次，对债券等固定收益类资产的需求，有利于提高固定收益证券市场的广度、深度和市场流动性，有利于完善市场基本收益率曲线。再次，作为金融市场重要的机构投资者，有利于倡导市场长期价值投资理念，有利于引导市场投资行为、改善市场结构和提高市场有效性，有利于推动新型金融产品开发和风险管理技术提高。

三、发展我国金融市场有利于促进社会保障制度的进一步完善

社会保障制度的关键是充足的资金支持和良好的流动性安排。而社会保障基金的

① 2004年全国社会保障基金收益构成为：委托投资收益19.6%，国债利息收入23.3%，其他债券利息收入0.5%，存款利息收入47.1%，股权资产收益9.5%，其他收入0。

特殊性决定了其一方面要进行市场运作取得高的投资收益回报，另一方面又要保证本金不受损失。因此，为了保证社会保障制度发挥良好的作用，必须加快我国金融市场的发展步伐，建立规范发达的多层次金融市场体系，提供多种收益性和不同风险结构的金融产品，为社会保障制度的进一步完善和社会保障基金的发展壮大创造良好的市场条件。

近年来，我国的社会保障制度建设取得了长足的进展，但仍面临着相当大的困难与问题。一是社会保险的规模还比较低。以养老保险为例，2004年我国基本养老保险的累积结余为2975亿元，占同期GDP的比例不到2%。2005年11月，全国社会保障基金的规模也仅占GDP的1.1%。而2001年发达国家养老基金的平均规模已达到GDP的45%[①]左右；新兴市场国家中，拉美地区、亚洲地区、东欧国家的养老基金平均规模也分别达到了GDP的9.2%、3.8%与21.5%。二是我国社会保险特别是养老保险的发展，面临着巨大资金缺口。据世界银行的一份关于中国未来养老金收支缺口的研究报告显示，2001年到2075年间，我国基本养老保险的收支缺口将高达9.2万亿元[②]。同时，人口老龄化的发展趋势[③]也将增加养老、医疗、救助等保险金支付负担，使解决当前社会保险资金缺口的问题显得日益迫切。

我国社会保障基金的发展，尤其是资金缺口的弥补，一方面要加大社会筹资渠道和筹资方式，另一方面也依赖于更好的管理和运作。从投资运作看，社会保障基金需要在资金安全的基础上实现保值增值，满足其流动性和盈利性的平衡需求，需要发达、规范的金融市场体系，满足其流动性和盈利性的平衡需求，实现降低投资风险、提高投资收益的目的。

我国金融市场的发展，金融产品的不断创新和丰富，能够为社会保障基金的社会化管理和市场化运作提供良好的投资便利，有利于壮大社会保障基金规模实力，拓宽社会保障基金投资渠道，优化社会保障基金资产结构，有利于推进社会保障基金的专业化运作和风险监控制度建设，有利于促进社会保障基金与其他社会资源配置的有效结合，从而有利于促进我国社会保障基金的发展壮大和社会保障制度的进一步完善。

---

① Chan-Lau, 2004, Pension Funds and Emerging Markets, IMF working Paper.

②在一定假设条件下和按照目前中国的制度模式。

③据有关资料统计，目前我国和全球60岁以上人口比例均为10%左右，而到2030年，我国的这一比例将高达25%，远高于全球16%的比例。

Chapter 5

第五部分 附　录

- 2005年金融市场发展大事记
- 中国金融市场统计

附录一

2005年金融市场发展大事记

1月1日　财政部和国家税务总局发出通知，对证券交易所、期货交易所、证券公司、期货经纪公司减征有关营业税。

1月11日　经中国保监会批准，我国第一家相互制农业保险公司成立，标志着我国农业保险的发展迈出了重要一步。

1月21日　中国人民银行发布《银行业金融机构进入全国银行间同业拆借市场审核规则》，明确了银行业金融机构进入同业拆借市场的申请程序和条件。

1月24日　财政部调整证券(股票)交易印花税税率，由现行2‰调整为1‰。

1月24日　期货交易所公司会员结算准备金最低余额提高至200万元。

2月3日　国家税务总局发出通知，期货公司在总部统一缴纳所得税。

2月15日　中国保监会和中国证监会联合发布《关于保险机构投资者股票投资交易有关问题的通知》，保险资金直接入市进入实质性操作阶段。

2月18日　发布实施《国际开发机构人民币债券发行管理暂行办法》（中国人民银行、财政部、国家发展和改革委员会、中国证券监督管理委员会公告[2005]第5号），允许符合条件的国际开发机构在国内发行人民币债券。

2月20日　中国人民银行、中国银行业监督管理委员会、中国证券监督管理委员会联合发布《商业银行设立基金管理公司试点管理办法》（中国人民银行、中国银行业监督管理委员会、中国证券监督管理委员会公告[2005]第4号），明确商业银行设立基金管理公司试点工作的相关申请审批程序、风险控制规则以及监督管理职责分工。

2月26日　中国证监会正式批准光大证券的“光大阳光集合资产管理计划”的设立申请，这是经中国证监会审核批准的第一只集合资产管理计划。

3月21日　信贷资产证券化试点工作正式启动。经国务院批准，国家开发银行和中国建设银行作为试点单位，将分别进行信贷资产证券化和住房抵押贷款证券化的试点。

3月28日　中国证监会颁布《关于货币市场基金投资等相关问题的通知》和《货币市场基金信息披露特别规定》。

4月6日　商业银行投资设立基金管理公司试点工作正式启动。经国务院批准，中国人民银行、中国银监会和中国证监会共同确定中国工商银行、中国建设银行和交通银行为首批直接投资设立基金管理公司的试点银行。

4月11日　国泰君安证券股份有限公司发行短期融资券。

4月15日　国务院国资委、财政部公布《企业国有产权向管理层转让暂行规定》，对企业国有产权向管理层转让提出规范性要求。

4月20日　中国人民银行、中国银行业监督管理委员会颁布《信贷资产证券化试点管理办法》（中国人民银行、中国银行业监督管理委员会公告［2005］第7号）。

4月27日　中国人民银行发布《全国银行间债券市场金融债券发行管理办法》（中国人民银行令［2005］第1号），规范金融债券发行行为。

4月29日　中国证监会发布《关于上市公司股权分置改革试点有关问题的通知》，股权分置改革试点工作正式启动。

4月30日　中国人民银行批准泛亚债券指数基金进入银行间债券市场，使其成为银行间债券市场引入的第一家境外机构投资者。

5月8日　上海证券交易所、深圳证券交易所和中国证券登记结算公司公布《上市公司股权分置改革试点业务操作指引》。清华同方、三一重工、紫江企业、金牛能源四家公司成为率先进行股权分置改革试点的上市公司。

5月16日　中国人民银行发布了《全国银行间债券市场债券远期交易管理规定》（中国人民银行公告［2005］第9号）。

5月18日　银行间外币买卖系统上线运行，银行间外汇市场增添新的交易品种。

5月24日　中国人民银行发布《短期融资券管理办法》（中国人民银行令［2005］

第2号）和《短期融资券承销规程》、《短期融资券信息披露规程》等两个配套文件，允许符合条件的企业在银行间债券市场向合格机构投资者发行短期融资券。5月26日，首批5家企业成功发行了短期融资券。

6 月 6 日 中国证监会正式批准由中国工商银行、瑞士信贷第一波士顿和中国远洋运输(集团)总公司共同发起设立工银瑞信基金管理公司，这是首家由境内商业银行（中国工商银行）联合境内外机构发起设立的基金管理机构。6月21日该公司在国家工商行政管理总局注册成立。

6 月 13 日 财政部、国家税务总局决定对股息红利税实行减半征收，对股权分置改革试点过程中发生的印花税、企业所得税和个人所得税暂免征收。

6 月 16 日 中国人民银行公布《资产支持证券信息披露规则》（中国人民银行公告［2005］第14号），规范资产支持证券信息披露行为，维护投资者合法权益，保证资产支持证券试点的顺利进行，促进银行间债券市场的健康发展。

6 月 18 日 国务院国资委公布《国务院国资委关于国有控股上市公司股权分置改革的指导意见》。

7 月 18 日 经中国人民银行批准，中国工商银行上海分行和上海黄金交易所共同合作开发的个人黄金交易系统开通，个人客户可通过中国工商银行的平台，直接参与国内黄金市场的投资。同日，上海黄金交易所黄金账户卡管理系统上线运行。

7 月 21 日 中国人民银行发布《关于完善人民币汇率形成机制改革的公告》，建立健全以市场供求为基础、参考一篮子货币进行调节、有管理的浮动汇率制度，人民币汇率不再盯住单一美元。人民币对美元同日升值2%，达1美元兑8.11元人民币。

7 月 25 日 国家质量监督检验检疫总局、国家发展和改革委员会、中国证监会联合下发《关于做好期货交割棉公证检验和交割工作的通知》。

7 月 27 日 中国人民银行、财政部、中国证监会联合发出《关于证券公司个人债权及客户证券交易结算资金收购有关问题的通知》。

8 月 8 日 中国人民银行发布《关于加快发展外汇市场有关问题的通知》和《关

于扩大外汇指定银行对客户远期结售汇业务和开办人民币与外币掉期业务有关问题的通知》。

8 月 8 日　中国银监会发布《货币经纪公司试点管理办法》，允许在中国境内设立货币经纪公司，引入货币经纪制度。

8 月 10 日　中国人民银行上海总部成立。

8 月 12 日　上海浦东发展银行在全国银行间债券市场发行金融债券。

8 月 15 日　中国外汇交易中心正式推出银行间远期外汇交易品种，外汇交易系统同时自动升级。当日，中国工商银行和中国建设银行共成交 2 笔美元对人民币远期交易，期限分别为 1 个月和 1 年。

8 月 16 日　中国证券登记结算公司发布了关于上海证券交易所和深圳证券交易所上市权证登记结算业务实施细则。

8 月 21 日　中国保监会颁布了《保险机构投资者债券投资管理暂行办法》。

8 月 23 日　经国务院同意，中国证监会、国务院国资委、财政部、人民银行、商务部联合发布《关于上市公司股权分置改革的指导意见》。

8 月 30 日　国务院批复《中国人民银行 银监会 保监会关于商业银行和保险机构投资者投资资产支持证券问题的请示》（银发［2005］169 号），允许商业银行、保险机构投资者投资资产支持证券。

8 月 30 日　由国务院独资设立的中国证券投资者保护基金有限责任公司登记成立，公司注册资本为 63 亿元。

9 月 4 日　中国证监会正式发布《上市公司股权分置改革管理办法》。

9 月 6 日　国务院国资委发布实施《企业国有产权无偿划转管理暂行办法》，对企业国有产权无偿划转进行规范。

9 月 7 日　上海证券交易所、深圳证券交易所、中国证券登记结算公司联合制定的《上市公司股权分置改革业务操作指引》出台施行，股改全面推开的配套政策全部完成。

9 月 11 日　中国保监会颁布了《保险外汇资金境外运用管理暂行办法实施细则》。这是在 2004 年颁布《保险外汇资金境外运用管理暂行办法》基础上，关于保险外汇资金境外投资又一重要文件，标志着保险外汇资金境外运用进入实质性操作阶段。

10月14日　国际金融公司和亚洲开发银行在全国银行间债券市场分别发行人民币债券11.3亿元和10亿元，这是中国债券市场首次引入外资机构发行主体。

10月17日　银行间债券市场交易系统与簿记系统连接试运行。交易系统与簿记系统的连接，使我国银行间债券市场上的债券交易实现国际上通行的“直通式处理”，为今后金融创新产品的推出提供了必要的技术支持。

10月18日　中国外汇交易中心发布《全国银行间外汇市场人民币外汇远期交易主协议》和《全国银行间外汇市场人民币外汇远期交易规则》，明确人民币外汇远期交易各方的权利与义务，规范交易秩序。

10月18日　商务部与香港特区政府就CEPA的进一步开放措施达成协议，允许符合条件的内地期货公司到香港经营期货业务，包括设立分支机构，为内地期货经纪业“走出去”打开了政策空间。

10月27日　十届全国人大常委会第十八次会议通过了新修订的《证券法》和《公司法》，自2006年1月1日起施行。

10月28日　中国保监会颁布了《再保险业务管理规定》，全面系统地对再保险市场进行了规范。

11月22日　中国保监会发布了《财产保险公司保险条款和保险费率管理办法》。推动保险公司建立和完善以市场需求为导向的保险产品开发和管理制度，满足广大人民群众和社会的保险需求。

11月24日　国家外汇管理局发布《银行间外汇市场做市商指引（暂行）》，决定在银行间外汇市场推广做市商制度，进一步完善人民币汇率形成机制。

11月24日　国家外汇管理局发布《关于在银行间外汇市场推出即期询价交易有关问题的通知》以及《银行间外汇市场人民币外汇即期交易规则》，决定从2006年起，在即期外汇交易中推出询价交易方式。

12月13日　中国人民银行发布《公司债券进入银行间债券市场交易流通的有关事项公告》。

12月15日　国家开发银行、中国建设银行两家试点银行在银行间债券市场分别发行首批资产支持证券。

12月27日 中国保监会发布了保险公司偿付能力报告编报规则。

12月28日 中国保监会正式加入国际养老金监督协会（IOPS）。

12月29日 国家外汇管理局发布《非金融企业和非银行金融机构申请银行间即期外汇市场会员资格实施细则（暂行）》，落实2005年8月8日《中国人民银行关于加快发展外汇市场有关问题的通知》精神。

附录二

中国金融市场统计

表1 主要宏观经济金融指标

（年末余额）

单位:亿元，%

项目	1998	1999	2000	2001	2002	2003	2004	2005
国内生产总值(GDP)	84402	89677	99215	109655	120333	135823	159878	182321
增长率	7.8	7.6	8.4	8.3	9.1	10.0	10.1	9.9
进出口总额(亿美元)	3239.3	3607	4743	5097.7	6208	8512	11547	14221
增长率	−0.4	11.3	31.5	7.5	21.8	37.1	35.7	23.2
出口(亿美元)	1837.6	1949	2492	2661	3256	4384	5934	7620
进口(亿美元)	1401.7	1658	2251	2436.1	2952	4128	5614	6601
外汇储备(亿美元)	1450	1546.8	1655.7	2121.7	2864	4033	6099	8189
外商直接投资(亿美元)	454.6	404	408	468.5	527	535	606	603
财政收入	9876	11444.1	13380.1	16371	18914	21691	26355.9	31628
财政支出	10798.2	13187.7	15879.4	18844	22012	24607	28360.8	33708.1
赤字或盈余	−922.2	−1743.6	−2499.3	−2473	−3098	−2916	−2004.9	−2080.1
货币供应量(M2)	104498.5	119897.9	134610.3	158301.9	185007	221222.8	254107	296040.1
增长率	15.3	14.7	12.3	14.4	16.8	19.6	14.6	17.6
货币供应量(M1)	38953.7	45837.2	53147.2	59871.6	70822	84118.6	95969.7	107279.9
增长率	11.9	17.7	16.0	12.7	16.8	16.7	13.6	11.6
货币供应量(M0)	11204.2	13455.5	14652.7	15688.8	17278	19746	21468.3	24032.8
增长率	10.1	20.1	8.9	7.1	10.1	14.3	8.7	11.9
城镇居民人均可支配收入(元)	5245	5854	6280	6859.6	7703	8500	9422	10493
实际增长率	5.8	9.3	6.4	8.5	13.4	9.0	7.7	9.6
农村居民人均纯收入(元)	2163.6	2210	2253	2366	2475.6	2622	2936	3255
实际增长率	4.3	3.8	2.1	4.2	4.8	4.3	6.8	6.2
城乡居民各项存款	95697.9	108778.9	123804.4	143617.2	170917.4	208055.6	241424.3	300208.6
增长率	16.1	13.7	12.4	16.0	18.1	20.2	15.3	18.2
金融机构各项贷款	86524.1	93734.3	99371.1	112314.7	131293.9	158996.2	178197.8	206838.5
增长率	15.5	12.5	13.4	11.6	15.4	21.4	14.4	12.8
居民消费价格指数(CPI)	−0.8	−1.4	0.4	0.7	−0.8	1.2	3.9	1.8

注:由于统计制度的调整,本表增长率是经过调整的可比口径的同期比。

资料来源:国家统计局、中国人民银行。

表2　新增人民币存贷款构成及增长率

(年末余额)

单位:亿元,%

项目	1998	1999	2000	2001	2002	2003	2004	2005
金融机构各项存款	95697.9	108778.9	123804.4	143617.2	170917.4	208055.6	241424.3	300208.6
比上年末增长	16.1	13.7	12.4	16.0	18.1	20.2	15.3	18.2
其中:城乡居民储蓄	53407.5	59621.8	64332.4	73762.4	86910.7	103617.7	119555.4	101750.6
比上年末增长	17.1	11.6	7.9	14.7	17.1	17.4	14.0	16.5
企业存款	32486.6	37182.4	44093.7	51546.6	60028.6	72487.1	84669.5	147053.7
比上年末增长	13.4	14.5	18.6	16.9	15.3	19.4	16.4	13.8
金融机构各项贷款	86524.1	93734.3	99371.1	112314.7	131293.9	158996.2	178197.8	206838.5
比上年末增长	15.5	12.5	13.4	11.6	15.4	21.4	14.4	12.8
其中:短期贷款	60613.2	63887.6	65748.1	67327.2	76822.4	87397.9	90808.3	91157.5
比上年末增长	9.4	5.4	2.9	7.7	9.9	13.8	7.4	6.5
中长期贷款	20717.8	23968.3	27931.2	39238.1	51731.6	67251.7	81010.1	92940.5
比上年末增长	33.9	15.7	16.5	15.2	23.2	30.0	22.1	16.2

资料来源:中国人民银行。

表3　贷款余额、债券存量、股票总市值与GDP的比例

单位:亿元,%

年份	GDP	贷款余额	贷款余额/GDP	债券存量	债券存量/GDP	股票总市值	股票总市值/GDP
1997	78793	74914	95.1	4781	6.1	17529	22.2
1998	84402	86524.1	102.5	10480	12.4	19506	23.1
1999	89677	93734.3	104.5	13189	14.7	26471	29.5
2000	99215	99371.1	100.2	16746	16.9	48091	48.5
2001	109655	112314.7	102.4	21587	19.7	43502	39.7
2002	120333	131293.9	109.1	31428	26.1	38329	31.9
2003	135823	158996.2	117.1	41182	30.3	42458	31.3
2004	159878	178197.8	111.5	49664	31.1	37056	23.2
2005	182321	206838.5	113.4	72424	39.7	32430	17.8

注：1997~2000年债券存量未计入交易所存管数据。

资料来源：中国人民银行。

表4 社会融资结构情况表

单位:亿元,%

年份	融资总额	银行贷款	占融资总额的比重	国债	占融资总额的比重	企业债	占融资总额的比重	股票	占融资总额的比重
1997	14174	11339	80.0	1865	13.2	35	0.2	934	6.6
1998	14909	11846	79.5	2218	14.9	42	0.3	804	5.4
1999	14562	10721	73.6	2776	19.1	167	1.1	897	6.2
2000	17163	12499	72.8	2478	14.4	83	0.5	2103	12.3
2001	16555	12558	75.9	2598	15.7	147	0.9	1252	7.6
2002	24233	19228	79.3	3718	15.3	325	1.3	962	4.0
2003	35154	29936	85.1	3525	10.0	336	1.0	1357	3.9
2004	29023	24066	82.9	3126	10.8	327	1.1	1504	5.2
2005	31507	24617	78.1	2996	9.5	2010	6.4	1884	6.0

资料来源：中国人民银行调查统计司。

表5 银行间同业拆借与债券回购成交情况表

单位:亿元

年份	拆借	质押式回购交易额	买断式回购交易额
1997	8298	307	—
1998	1978	1021	—
1999	3291	3949	—
2000	6728	15782	—
2001	8082	40133	—
2002	12107	101885	—
2003	24113	117203	—
2004	14556	93105	1263
2005	12783	156784	2148

资料来源：全国同业拆借中心。

表6　同业拆借成员变化表

单位:家

年份	银行	证券公司	财务公司	农村信用联社	城市信用社	其他	总计
1997	59	0	0	0	0	37	96
1998	165	0	0	0	0	2	167
1999	187	7	0	99	0	3	296
2000	232	14	20	148	0	3	417
2001	246	18	25	198	0	3	490
2002	261	41	25	202	4	3	536
2003	289	56	32	229	10	1	617
2004	309	64	35	236	11	1	656
2005	323	66	38	239	12	1	679

资料来源:全国银行间同业拆借中心。

表7　票据市场情况表

单位:万亿元

年份	累计签发商业票据发生额	累计贴现发生额
1998	0.38	0.27
1999	0.51	0.25
2000	0.74	0.64
2001	1.28	1.55
2002	1.61	2.31
2003	2.77	4.44
2004	3.42	4.71
2005	4.45	6.75

资料来源:中国人民银行。

表8 债券市场成交情况表

单位:亿元

年份	银行间债券市场		交易所国债市场		柜台市场交易额
	现券交易额	回购交易额	国债现券交易额	国债回购交易额	
1997	9.7	307	3344.70	11912.16	0.0
1998	32.0	1021	6032.60	15188.50	0.0
1999	77.4	3949	5276.77	12124.10	0.0
2000	682.6	15782	3657.10	13147.21	0.0
2001	839.6	40133	4383.10	15343.00	0.0
2002	4411.7	101885	6380.83	24419.20	14.4
2003	30848.4	117203	5500.36	52981.54	24.5
2004	25215.3	94368	2961.50	44086.02	62.2
2005	60133.2	158932	2774.00	23261.20	65.7

资料来源：中国人民银行。

表9 2005年债券市场情况表

单位:亿元

月份	银行间债券市场		交易所国债市场		柜台市场交易额
	现券交易额	银行间债券指数	国债现券交易额	交易所国债指数	
2005.01	3082.6	105.12	232.4	97.28	5.75
2005.02	2039.3	106.09	149.0	98.69	3.66
2005.03	4596.2	107.00	325.2	100.19	11.99
2005.04	4525.9	108.30	217.3	101.88	7.16
2005.05	3764.2	109.11	185.0	103.16	5.58
2005.06	5752.3	109.88	263.9	105.35	8.81
2005.07	5059.8	111.57	291.9	107.46	6.91
2005.08	5493.2	111.56	295.9	107.52	7.64
2005.09	6040.8	112.51	189.2	108.70	5.03
2005.10	5140.5	113.37	208.2	108.22	7.24
2005.11	6224.1	112.34	182.8	107.35	6.36
2005.12	8414.2	113.08	231.8	109.06	8.81
合计	60133.2	—	2772.8	—	84.94

资料来源:中国人民银行、中央国债登记结算有限责任公司。

表10 债券市场发行基本情况

单位:亿元

年份	国债			政策性金融债	短期融资券	中央银行票据	非政策性金融债券	企业债券	合计
	记账式国债	凭证式国债	合计						
1998	0	2200	2200	410	0	0	0	35	2645
1999	2426	1550	3976	1470	0	0	0	138	5584
2000	2692	1900	4592	1645	0	0	0	75	6312
2001	3084	1800	4884	2590	0	0	0	140	7614
2002	4461	1473	5934	3175	0	1938	0	325	11372
2003	5439	2505	7944	4520	0	7850	0	324	20638
2004	4414	2510	6924	4348	0	15072	749	307	27399
2005	5042	2000	7042	6032	1454	27882	1129	654	44192
合计	27558	15938	43496	24190	1454	52741	1877	1997	125755

注：非政策性金融债券包括商业银行次级债券、商业银行一般性债券以及国际开发机构债券。

资料来源：中国人民银行。

表11 债券市场债券托管情况

单位:亿元

年份	银行间债券托管情况							交易所托管情况			
	国债	中央银行债	金融债	企业债	短期融资券	其他债券	合计	国债	企业债	可转换债券	合计
1997	1170	119	3492	0	0	0	4781	NA	NA	NA	NA
1998	5163	119	5107	91	0	0	10480	NA	NA	NA	NA
1999	6751	119	6089	230	0	0	13189	NA	NA	NA	NA
2000	9156	0	7301	289	0	0	16746	NA	NA	NA	NA
2001	10973	0	8418	336	0	0	19727	1694	141	25	1860
2002	16326	1487	9875	643	0	0	28331	2807	225	65	3097
2003	21034	3376	11789	917	0	0	37116	3479	367	220	4066
2004	19685	11208	14408	25	0	0	45326	3626	366	346	4338
2005	23102	22627	19508	1398	1392.5	203	68218	3517	424	265	4206

注：其他债券包括非金融机构债券、证券公司债券、国际开发机构债券等。

资料来源：中央国债登记结算有限责任公司。

表12 国债发行与兑付情况

单位：亿元

年份	发行额	兑付额	期末余额
1998	3809	2061	7766
1999	4015	1239	10542
2000	4657	2179	13020
2001	4884	2286	15618
2002	5934	2216	19336
2003	6280	2756	22604
2004	6924	3750	25778
2005	7042	4046	28774

资料来源：中国人民银行。

表13 银行间债券市场参与机构数

单位：家

年份	银行	证券公司	基金	保险机构	非银机构	信用社	其他	企业	总计
2000	159	2	32	11	7	102	2	0	315
2001	156	2	41	11	15	254	2	1	482
2002	182	25	78	20	52	423	2	32	814
2003	198	87	192	38	97	575	3	1889	3079
2004	231	95	361	63	117	665	11	2755	4298
2005	271	103	500	91	121	680	13	3729	5508

资料来源:中国债券信息网。

表14　银行间债券市场债券结算代理机构名单

中国工商银行	无锡市商业银行
中国农业银行	武汉市商业银行
中国银行	济南市商业银行
中国建设银行	乌鲁木齐市商业银行
交通银行	长沙市商业银行
招商银行	大连市商业银行
中国民生银行	青岛市商业银行
中国光大银行	成都市商业银行
中信实业银行	重庆市商业银行
华夏银行	石家庄市商业银行
兴业银行	厦门市商业银行
深圳发展银行	昆明市商业银行
广东发展银行	太原市商业银行
上海浦东发展银行	福州市商业银行
恒丰银行	贵阳市商业银行
北京银行	西安市商业银行
上海银行	东莞市商业银行
南京市商业银行	哈尔滨市商业银行
杭州市商业银行	包头市商业银行
天津市商业银行	宁波市商业银行
淄博市商业银行	常熟市农村商业银行
深圳市商业银行	

资料来源：中国人民银行。

表15　银行间债券市场做市商机构名单

中国工商银行	北京银行
中国农业银行	南京市商业银行
中国银行	上海银行
中国建设银行	武汉市商业银行
中国光大银行	杭州市商业银行
招商银行	中信证券股份有限公司
中国民生银行	国泰君安证券股份有限公司
恒丰银行	

资料来源：中国人民银行。

表16 债券市场柜台交易试点银行名单

中国工商银行
中国农业银行
中国银行
中国建设银行

资料来源：中国人民银行。

表17 2005年记账式国债柜台交易情况表

单位：万元

债券代码	承办银行				合计
	中国工商银行	中国农业银行	中国银行	中国建设银行	
020006	41215.96	20888.55	3173.02	5425.13	70702.66
020015	38828.74	11482.45	3336.10	12939.33	66586.62
030001	21575.05	5462.91	3371.35	3275.50	33684.81
030007	38961.57	18902.90	3931.74	7769.24	69565.45
030011	28405.96	15896.61	2061.23	6586.39	52950.19
040004	30030.91	22767.18	5131.87	24796.33	82726.29
040007	29038.11	19337.54	4250.47	19924.14	72550.26
040010	32297.88	16631.87	5445.72	18456.69	72832.16
040903	42771.91	19345.72	7340.36	34050.86	103508.85
040905	38470.07	15067.37	7453.38	27111.60	88102.42
050005	39953.04	28922.35	1417.31	8075.74	78368.44
050009	19256.43	19467.55	1521.68	4815.31	45060.97
050013	5582.99	4233.86	337.72	1570.87	11725.44
合计	406388.62	218406.86	48771.95	174797.13	848364.56

资料来源：中央国债登记结算有限责任公司。

表18　2005年度公开市场业务一级交易商名单

中国工商银行	中国农业银行
中国银行	中国建设银行
交通银行	中信实业银行
中国光大银行	华夏银行
中国民生银行	广东发展银行
上海浦东发展银行	兴业银行
招商银行	深圳发展银行
北京银行	上海银行
天津市商业银行	南京市商业银行
杭州市商业银行	长沙市商业银行
无锡市商业银行	淄博市商业银行
恒丰银行	深圳市商业银行
武汉市商业银行	贵阳市商业银行
石家庄市商业银行	洛阳市商业银行
福州市商业银行	乌鲁木齐市商业银行
合肥市商业银行	重庆市商业银行
珠海市商业银行	广州市商业银行
西安市商业银行	大连市商业银行
济南市商业银行	包头市商业银行
昆明市商业银行	太原市商业银行
哈尔滨市商业银行	厦门市商业银行
国泰君安证券股份有限责任公司	中信证券股份有限责任公司
上海市农村信用社联社	北京市农村信用社联社
华泰财产保险股份有限责任公司	泰康人寿保险股份有限责任公司
中国人寿保险股份有限责任公司	中国太平洋保险集团股份有限公司
中银国际证券股份有限责任公司	申银万国证券股份有限责任公司

资料来源：中国人民银行。

表19 股票市场统计表

年份	上市公司数	上市总股本(亿股)	市价总值(亿元)	流通市值(亿元)	历年股票发行额(亿元)	成交金额(亿元)	平均换手率(%)		平均市盈率		投资者账户(万户)
							上海	深圳	上海	深圳	
1997	745	1942.7	17529.2	5204.4	933.8	30721.8	701.8	817.4	39.9	39.9	3480.3
1998	851	2526.8	19505.6	5745.6	803.6	23527.3	453.6	406.6	34.4	30.6	4259.9
1999	949	3089.0	26471.2	8214.0	897.4	31319.6	471.5	424.5	38.1	36.3	4810.6
2000	1088	3791.7	48090.9	16087.5	1541.0	60826.6	492.9	509.1	58.2	56.0	6123.2
2001	1160	5218.0	43522.2	315228.8	1053.8	38305.2	269.3	227.9	37.7	39.8	6898.7
2002	1224	5875.5	38329.1	12484.6	779.8	27990.5	214.0	198.8	34.4	37.0	6841.8
2003	1287	6428.5	42457.7	13178.5	823.1	32115.3	250.8	214.2	36.5	36.2	6981.2
2004	1377	7149.4	37055.6	11688.6	1504.0	42333.9	288.7	288.3	24.2	24.6	7215.7
2005	1381	7629.5	32430.3	10630.5	1884.0	31663.1	274.4	320.6	16.3	16.4	7336.1

资料来源：上海证券交易所、深圳证券交易所。

表20 股票市场成交量和股票指数变化情况表

单位：亿元

年份		1997	1998	1999	2000	2001	2002	2003	2004	2005
成交金额		30721.83	23527.31	31319.60	60826.64	38305.18	27990.45	32115.27	42333.94	31663.14
日均成交金额		126.42	97.10	131.04	254.50	159.60	118.10	133.25	174.21	130.84
上证指数	开盘	914.06	1200.95	1144.89	1368.69	2077.08	1643.49	1347.43	1492.72	1260.78
	最高	1510.18	1422.98	1756.18	2125.72	2245.00	1748.89	1649.60	1783.01	1328.53
	最低	870.18	1043.02	1047.83	1361.21	1515.00	1339.20	1307.40	1259.43	998.23
	收盘	1194.10	1146.70	1366.58	2073.48	1645.97	1357.65	1497.04	1266.50	1161.06
深证指数	开盘	326.33	382.85	343.29	402.71	636.62	475.14	386.61	377.93	313.81
	最高	517.91	441.04	525.14	654.37	664.85	512.38	449.42	470.55	333.27
	最低	305.81	317.10	310.65	414.69	439.36	371.79	350.74	315.17	237.18
	收盘	381.29	343.85	402.18	635.73	475.94	388.76	378.63	315.81	278.75

资料来源：上海证券交易所、深圳证券交易所。

表21 银行间即期外汇市场人民币交易13家做市商名单

中国银行
中国建设银行
中国工商银行
中国农业银行
交通银行
中信银行
招商银行
兴业银行
加拿大蒙特利尔银行有限公司广州分行
美国花旗银行有限公司上海分行
香港上海汇丰银行有限公司上海分行
英国渣打银行有限公司上海分行
荷兰银行上海分行

表22 外汇市场与外汇储备情况表

单位：亿美元，人民币元

年份	外汇储备余额	外汇交易成交量	100美元兑人民币中间价	100欧元兑人民币中间价	100日元兑人民币中间价	100港元兑人民币中间价
1994	516.20	400.59	844.91	–	7.7800	112.66
1995	735.97	646.73	831.79	–	8.0703	107.60
1996	1050.49	627.75	829.92	–	7.1613	107.19
1997	1398.90	697.15	827.98	–	6.3627	106.81
1998	1449.59	520.11	827.87	–	7.1719	106.78
1999	1546.75	314.64	827.93	–	8.0933	106.51
2000	1655.74	421.97	827.81	–	7.2422	106.06
2001	2121.65	750.33	827.66	–	6.3005	106.06
2002	2864.07	971.90	827.73	863.60	6.9035	106.11
2003	4032.51	1511.31	827.69	1033.83	7.7263	106.57
2004	6099.32	2090.41	827.65	1126.27	7.9701	106.37
2005	8188.72	–	827.02	957.97	6.8716	104.03

资料来源：中国人民银行、国家外汇管理局。

表23 保险市场情况表

单位：亿元

年份	保费收入	资产总额
1999	1393	2604
2000	1596	3374
2001	2109	4591
2002	3053	6494
2003	3880	9123
2004	4318	11854
2005	4927	15226

资料来源：中国保监会。

表24 期货市场成交情况表

单位：亿元，万手

年份	成交额	成交量
1993	5521.99	890.69
1994	31601.41	12110.72
1995	100565.30	63612.07
1996	84119.16	34256.77
1997	61170.66	15876.32
1998	36967.24	10445.57
1999	22343.01	7363.91
2000	16082.29	5461.07
2001	30144.98	12046.35
2002	39490.16	13943.26
2003	108389.03	27986.42
2004	146935.31	30569.76
2005	134448.38	32284.75

资料来源：中国期货业协会。

表25 黄金市场成交情况表

单位：亿元，吨

年份	成交金额	成交量
2003	459.2	470.7
2004	731. 0	665.3
2005	1069.8	906.4

资料来源：上海黄金交易所。

Postscript 后记

近年来，在监管部门和中介机构、市场参与者等各方的共同努力下，我国金融市场取得健康、快速发展，金融创新稳步推进，各项制度日益完善，基础设施建设不断加强，市场功能大幅度提高。为了及时反映金融市场的最新发展，回顾金融市场的建设工作，中国人民银行金融市场司、中国人民银行上海总部金融市场管理部会同有关监管部门、中介机构、市场参与者和专家学者编写了《2005中国金融市场发展报告》（以下简称《报告》）。

《报告》回顾了近年来我国金融市场体系的建设和发展，总结和评价了金融市场建设中的重要工作，并对金融市场建设中面临的一些重要理论问题进行了深入的分析和研究。《报告》在写作过程中，得到了中国证券监督管理委员会、中国保险监督管理委员会、国家外汇管理局、中国外汇交易中心、中央国债登记结算有限责任公司、中国社会科学院金融研究所、上海证券交易所、上海期货交易所、上海黄金交易所，以及中国国际金融有限公司和中信证券股份有限公司的大力支持和帮助，中国人民银行货币政策司、征信管理局，中国人民银行上海总部调查统计部也为《报告》提供了宝贵意见，在此一并表示感谢。

中国人民银行金融市场司

中国人民银行上海总部金融市场管理部

2006年4月